U0023565

揮動府城的風：
臺南鳥文化

李進裕　著

目次

Contents

第九章　公園

第十章　丘陵地周邊與水庫

第十一章　結論

局長序

讓文化接地氣

「米食」係民生問題，也是經濟、政治問題，更是社會、文化議題，大臺南自古就是臺灣的重要糧倉，而由「米食」所拓衍出來的街市空間、日常飲食、歲時節慶、生命禮俗與宗教祭祀等等層面，多元而精采，為此，「大臺南文化叢書」第八輯即以「大臺南米食文化」為專題，邀請「古都保存再生文教基金會」鄭安佑先生、邱睦容小姐和前聯合報記者謝玲玉小姐，分別進行府城與南瀛米食的研究與撰述，鉅細靡遺、面面俱到地論述米食文化，相當接地氣，也相當有在地感。張耘書小姐的《府城米糕栫研究》，則以踏實的田調研究法，詳細報導臺南(也是全國)唯二製作「米糕栫」的店家及其製作方法，豐富大臺南的米食文化。

此外，延續「大臺南文化叢書」風格，除了專題之外，也增加時事或重要議題研究，本輯新增《臺南都市原住民》、《臺南鳥文化》等二書，分別邀請記者曹婷婷小姐、鳥類研究達人李進裕老師執筆。「都市原住民」討論 16 個原住民族群落腳大臺南的沿革、歷程與長遠發展，讓隱身於「臺南都市」的原民朋友現身說法，找到定位；而「鳥文化」則以文化的角度，重新觀察黑面琵鷺、菱角鳥、黑腹燕鷗等等各種鳥類在臺南土地的生態、藝術與文學意趣，這是一個全新的議題，只有大臺南擁有這樣的鳥資源與生態文化。

因應新文化政策，「大臺南文化叢書」將朝向更活潑、更多元，也更具廣度與深度方向規劃，因此，從第九輯起我們將不再預設專題，而由各個文化領域的研究者挑選具前瞻性與挑戰性的研究議題，邀請專家學者進行相關研究，開啟另一扇文化之窗。

臺南市政府文化局局長

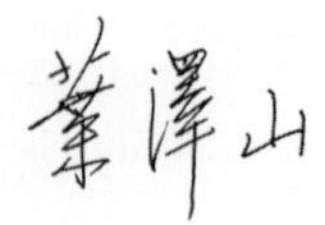

第一章

前言

在臺南，有四種鳥類具特殊性，也與常民的生活相關。第一種是黑面琵鷺，是臺灣一級、國際瀕危的保育明星鳥種，每年來臺南的數量超過全球的三分之一，臺南人把黑面琵鷺簡稱叫「黑琵」，和英文「HAPPY」同音，一語雙關，叫得親切合用，稱謂中又有幸福、快樂的含義。第二種是菱角鳥——水雉，水雉曾是臺南縣縣鳥，也是目前的臺南市市鳥；大部份在官田區菱角田繁殖，全臺一度剩下不到五十隻，經過許多人和團體二十年的努力復育，目前數量已超過一千隻。第三種是黑腹燕鷗，北門潟湖秋冬時節，吸引上千人心甘情願的擠在堤防，任憑強烈的東北季風吹襲，也要一睹幾萬隻黑腹燕鷗在夕陽西下時，集結在蚵架上空飛舞的壯麗景觀。第四種是喜鵲，根據史料記載，喜鵲在西元 1775 年就來到臺南，悠遠獨特的歷史記憶，讓喜鵲成為原臺南市市鳥。這四種鳥和臺南人有密不可分的情感，形成了臺南鳥文化的主軸。

臺南鳥文化的另一個主軸是多元的地理環境，這些區域從濱海到農田、城市到山林，大致可分為五種類型。第一類是鹽田溼地，早期濱海製鹽業昌盛，臺南地區有寬廣的鹽田，鹽業沒落後，沿海大面積的廢棄鹽田形成開闊的水域與泥灘地，造

說明 1：晨曦時，水面閃著金紅波光，黑面琵鷺的美麗姿態，臺南人怎能不愛上牠。

就了豐富的鹽田溼地生態系統。第二類是濱海河口溼地，臺南濱海涵蓋海岸、河口、沙洲、潟湖、草澤、紅樹林等自然環境。每年秋冬，數以萬計飛越千里來鹽田溼地及濱海河口溼地棲息覓食的冬候鳥，以及原來在此繁衍的水鳥，讓看似荒蕪貧瘠的溼地，充滿生機。第三類是農田野地，生產力豐盛的農地及和緩地勢的休耕野地，不但讓鳥類獲得足夠的食物，也可以提供鳥類棲息築巢的環境。第四類是都會地區的公園綠地，公園是都市之肺，種植的花草樹木，形成食物網鏈，鳥類有了穩定的食物，就在都會公園棲息，年年繁育後代。第五類是丘陵地周

說明 2：水雉交尾繁衍後代，華美的彩衣、優雅的身影在菱田持續上演。

邊與水庫，丘陵地區有茂密的樹林，水庫地區植物林相多樣，是鳥類喜愛聚集繁衍的地方。溼地系統加上農地生態及層次豐富茂盛的丘陵淺山區，形成了多面貌的食物網絡，最適合鳥類生存，這些場域是臺南鳥文化的第二個主軸。

黑面琵鷺、水雉、黑腹燕鷗和喜鵲，及在鹽田溼地、濱海河口溼地、農田野地、公園與丘陵水庫周邊等棲地生存繁續的鳥，與在地人產生文化聯結。廟宇剪黏壁畫、機關學校的立體磁磚壁畫、大型立體造型塑像，多以黑面琵鷺、水雉等鳥類為創作題材。鹽水區三和里田寮「臺灣詩路」，有多首臺南鳥類相關的詩；北門區井仔腳瓦盤鹽田、民宿步道也有文史詩人創作的水鳥詩集。並持續出版以臺南濱海鳥類為主的圖鑑、臺語詩集及鳥類攝影作品；多所國小也以鳥類為藍圖，創作精彩的繪本故事。四季更迭，鳥類生命律動的故事每年都在臺南持續上演。

第二章

黑面琵鷺的故鄉

臺南是黑面琵鷺的故鄉，「黑面撓杯」是臺南地方共同的語言，黑面琵鷺也是臺南的資產。黑面琵鷺因為數量稀少及生存環境日益惡化，被列為全球瀕危等級，儘管牠們沒有在臺灣繁殖，但每年秋天一到，一批批北方嬌客就會準時來報到，來臺的數量接近全球數量的 60%，而且一待就是超過半年。

說明 1：曾文溪口是黑面琵鷺重要的度冬區，北返前，一群金黃繁殖羽的成鳥在淺水域振翅理羽。

第一節　黑面琵鷺在臺南

黑面琵鷺除了是重要的物種外，也讓臺灣能和全球的生態保育有所聯結，並佔有一席之地。整個黑面琵鷺的保育史，可說是臺灣經濟發展與生態保育興起的歷史。

壹、黑面琵鷺發現史

黑面琵鷺在臺灣發現的歷史，最早可追溯到 1863 年，英國自然學家斯文豪（Robert Swinhoe）在臺北淡水觀察到數隻大型琵鷺，儘管他當時以體型推測為白琵鷺，但也不能完全排除是黑面琵鷺的可能。第一筆確切的記錄則要等到隔年，1864 年斯文豪在臺北淡水先後取得 4 隻琵鷺標本，其中 3 隻即是黑面琵鷺，另 1 隻則為白琵鷺。而臺南地區的發現確切時間是任職於臺南博物館的日本鳥類工作者風野鐵吉，於 1925 至 1938 年間，觀察到每年冬天都約有 50 隻黑面琵鷺在安平港附近的沙灘棲息，為臺南最早的黑面琵鷺觀察記錄。[1]

臺南資深鳥類觀察家郭忠誠先生 1985 年 11 月 18 日確認曾文溪口 有 87 隻黑面琵鷺。從那之後至今的三十年間，黑面琵鷺年年冬天都來造訪這片由堤防圍繞的泥灘地，這裡已然成

1　吳世鴻，〈臺灣黑面琵鷺保育三十年〉，《臺灣黑面琵鷺保育學會會刊》，第 48 期（2014 年 5 月），頁 3-11。

為黑面琵鷺來臺度冬時的主要棲地息，當地鳥友們也因此稱它為「主棲地」。[2]

黑面琵鷺在國際鳥盟的保育等級中，屬於瀕臨絕種的等級。1990 年代黑面琵鷺的數量被認定不到 300 隻。[3]

貳、黑面琵鷺槍殺事件

1992 年 11 月 28 日，發生黑面琵鷺在主棲地被槍殺死亡事件，引起國際媒體、環境保育及鳥類保護團體的關注，國人也才開始注意這種後來被稱為「黑面舞者」的黑面琵鷺的安危及生存空間，從此國內的環保意識及生態保育逐日抬頭。

參、黑面琵鷺與七股工業區及濱南工業區開發案

自 1990 年以來，黑面琵鷺主要的棲息地——七股溼地曾多次遭受開發威脅，著名的案例有七股工業區及濱南工業區開發案。[4]

1993 年東帝士集團，擬定「濱南工業區開發計畫」，打算在七股瀉湖與沿海地區填海造陸，進行七輕石化煉油廠、大煉鋼廠與工業港等開發建設。選定的地點接近曾文溪口黑面琵

2 吳世鴻，〈臺灣黑面琵鷺保育三十年〉。
3 劉小如等，《臺灣鳥類誌（上）》，臺北：行政院農委會林務局，2010 年，頁 317。
4 劉小如等，《臺灣鳥類誌（上）》，頁 317。

鷺棲息地，引發環保與經濟議題的激烈衝突，若開發案通過，黑面琵鷺生存的空間會縮減，濱南工業區恐將帶來各種汙染，直接傷害到黑面琵鷺在溼地的棲息環境。在臺南鳥會和溼地保護聯盟、環境保護聯盟、立委蘇煥智以及在地居民組成的社團等環保團體的反濱南工業區運動的努力下，經過多年環境評估，「濱南工業區開發計畫」遭退回，最後在 2009 年 9 月走進歷史。期間「黑面琵鷺保護區」於 2002 年成立，行政院於 2003 年 11 月公告核定原濱南工業區預定地，為雲嘉南國家風景區的一部分，2009 年「臺江國家公園」成立，曾文溪口的黑面琵鷺保育區也在國家公園的範圍內，從此黑面琵鷺有了安定的棲息地。

說明 2：七股「黑面琵鷺生態展示館」黑面琵鷺大事記海報，紀錄著黑面琵鷺槍殺事件及濱南開發案的歷史。

肆、黑面琵鷺中毒事件

2002年冬到2003年春，臺南地區共發生四波黑面琵鷺感染肉毒桿菌C型毒素事件，總計造成90隻黑面琵鷺中毒，死亡73隻，最後救回17隻，治療恢復後野放；中毒的原因疑似吃下帶有肉毒桿菌病毒的腐魚產生的。就以2003年香港觀鳥會全球黑面琵鷺統計數量1,069隻計算，單一事件同一物種的死亡比例高達7%，足見黑面琵鷺此物種目前的數量依然脆弱。此次肉毒桿菌中毒事件，參加救援的包括臺、美、日、韓等動保專家及機構，救援的經驗成為全球黑面琵鷺保育的重要案例及教材，對日後黑面琵鷺相關的食物鏈需求及中毒救治方式有所助益。死亡的黑面琵鷺有些做成標本，陳列在相關保育機

說明3：中毒死亡的黑面琵鷺被做成標本，繼續述說著牠們的故事。

構，讓這些黑面琵鷺的「生命」能繼續延續。黑面琵鷺生態展示館也陳列了不少標本，讓遊客能近距離觀察黑面琵鷺真實的體態及確切的大小比例。

第二節　黑面琵鷺生態

當秋風吹起的季節，黑面琵鷺準備來臺灣過冬了。九月，黑面琵鷺降落在曾文溪口，臺南的冬候鳥季正式開始。

跨越波濤洶湧的臺灣海峽，降臨曾文溪口的第一批黑面琵鷺數量通常不會太多，大致都是個位數，第一批黑面琵鷺來到主棲地後，往後的幾天數量陸續增加，主棲地的黑面琵鷺在11 月底、12 月初的時候來到最高峰，數量常有好幾百隻。

壹、黑面琵鷺的棲地

黑面琵鷺在全臺較大的溼地都有單隻或小群發現的紀錄，包括臺北、桃園、新竹、苗栗、臺中、雲林、嘉義、臺南、高雄、屏東和東部的花蓮與臺東等地。[5] 甚至連外島的澎湖和金門也可以發現牠們的蹤影。其中嘉義縣鰲鼓溼地、南布袋溼地和高雄市永安溼地及茄萣溼地每年都有幾百隻黑面琵鷺棲息，

5　劉小如等，《臺灣鳥類誌（上）》，頁 316。

說明 4：主棲地的黑面琵鷺在 11 月底、12 月初的時候來到最高峰，數量常有好幾百隻。

是除了臺南地區外，黑面琵鷺聚集最多的地方。

臺南地區的黑面琵鷺分布以沿海溼地、河口、魚塭、鹽田為主，由北而南包括北門區，學甲區、將軍區、七股區、土城區、安南區、安平區等。

表一、臺南地區黑面琵鷺主要棲地分布表

行政區	黑面琵鷺聚集地
北門區	雙春魚塭、井仔腳魚塭、廢棄鹽田、三寮灣水田
學甲區	急水溼灘地、學甲溼地生態園區
將軍區	將軍溪口、將軍溼地、玉山里魚塭
七股區	頂山溼地、篤加魚塭、龍山魚塭、溪南魚塭、三股魚塭水田、十份魚塭水田、北魚塭、東魚塭、曾文溪口主棲地、曾文溪北岸
土城區	蔡姑娘廟附近魚塭
安南區	四草溼地、鹽水溪北岸魚塭
安平區	鹽水溪灘地、出海口附近灘地

說明 5：七股頂山溼地是黑面琵鷺重要的棲地，黑面琵鷺常停在紅樹林前休息。

黑面琵鷺在魚塭地以覓食為主，如果附近沒有干擾，也可能會在田埂或附近隱密的樹叢附近休息；而有紅樹林的廢棄鹽田、河口灘地則是牠們主要的棲息地。

貳、黑面琵鷺的數量

黑面琵鷺的繁殖地主要在緯度較高的韓國、中國大陸遼東半島外海的無人島，在臺灣沒有繁殖紀錄，但曾紀錄到咬巢材築巢和疑似交尾的情形。度冬區主要在臺灣，另外日本、中國大陸沿海、香港、澳門、海南島、越南、菲律賓、泰國等地也有度冬的族群。

「2019 黑面琵鷺全球同步普查」在 1 月 26 日至 27 日期

表二、黑面琵鷺 2010 年至 2019 年全球數量調查、臺灣及臺南所佔比例一覽表

西元年	全球數量（隻）	臺灣數量（隻）	臺灣佔全球比	臺南數量（隻）	臺南佔臺灣比	臺南佔全球比
2010 年	2347	1280	54.5%	1185	92.6%	50.4%
2011 年	1839	834	45.3%	767	92.0%	41.7%
2012 年	2693	1562	58.0%	1307	83.7%	58%
2013 年	2725	1624	59.6%	1312	80.8%	48.1%
2014 年	2726	1659	60.9%	1246	75.1%	45.7%
2015 年	3272	2034	62.2%	1490	73.3%	45.5%
2016 年	3356	2060	61.4%	963	46.7%	28.7%
2017 年	3941	2601	66.0%	1810	69.6%	45.9%
2018 年	3941	2195	55.7%	1265	57.6%	32.1%
2019 年	4463	2407	53.9%	1572	65.3%	35.2%

間調查完畢，全球共計錄 4,463 隻，臺灣總共調查到 2,407 隻，占全球總數 53.9%。臺南、嘉義、高雄是黑面琵鷺在臺灣最主要的度冬區，其中又以臺南數量最多為 1572 隻，佔臺灣 65.3%，佔全球 35.2%，主要集中於七股、四草地區。[6]

參、黑面琵鷺的生態行為

一、理羽。羽毛提供鳥類保暖及飛翔，對鳥類是攸關生死

6 資料來源：香港觀鳥會、中華鳥會黑面琵鷺全球同步調查結果。

的構造，鳥類的一天除了覓食和休息外，理羽也佔據牠們不少時間。理羽時抓癢、除去身上的寄生蟲、灰塵，把鄰近分叉散開的羽片，塗抹油脂鉤連起來。自己整理不到頭頸，得靠同伴幫忙，相互理羽時兩隻鳥面對面，大扁嘴在對方頭頸遊走，嘴喙略微開合，像是要吃掉小細毛般，以嘴喙仔細平掃頭頸，兩面大扁嘴有時相交成 X 的形狀，同時低頭用嘴喙沾水時，像極相互鞠躬作揖，感謝對方。

二、洗澡。洗澡主要是洗掉身上的灰塵、汙垢，也可以讓身體涼快些。黑面琵鷺洗澡時，整個身體伏在水裡，把頭頸完全浸在水裡再抬起，雙翅不停地用力拍打水面，撞擊水面「啪啪啪～」的聲音很響亮，遠遠就能聽到，洗得忘我時，水花四濺，頭羽、頸羽及全身綿密的羽毛放鬆鼓起，如此來回數次，洗完後原地起跳離開水面揮動雙翅，甩掉水珠。

三、覓食。廢棄及剛收成後的魚塭是黑面琵鷺的最愛，淺水裡的魚蝦最容易餵飽牠們，哪個魚塭有魚就會在那裡吃個幾天，魚吃完了，再找別的魚塭。黑面琵鷺嘴喙構造寬扁，無法像其他鷺科以啄的方式獲取魚蝦，覓食時把頭頸伸入水裡，左右掃動，嘴喙前端敏感的觸覺神經接觸魚蝦時，張嘴咬合，咬到獵物如果很小，直接把牠從水面甩進嘴裡，小魚蝦就像自動上門般，成一個大圓弧跳進大扁嘴，魚如果較大，會先調整好魚頭朝內再仰頭吞食，吞食時可以清楚看到上頸部，魚身滑動

說明 6：最前面的黑面琵鷺自己理羽，後面 2 隻相互理羽。

說明 7：黑面琵鷺（右）和白琵鷺（左）互相理羽。

說明 8：黑面琵鷺洗澡時，雙翅不停地用力拍打水面，撞擊水面「啪啪啪～」的聲音很響亮。

慢慢進喉嚨的畫面。黑面琵鷺有時會單獨覓食，但抓不了什麼魚，群體覓食才能有效率的捕到魚蝦，覓食時排成一列，同步前進，有時外側的幾隻加快腳步，最後圍成一個圓圈，逐步往圓心移動，這種集體行動策略，大大提高了捕食成功的機率。黑面琵鷺低頭覓食時，大白鷺常會伸長頸子佇立旁邊，像是幫黑面琵鷺警戒，咬到魚蝦時，大白鷺會猛然張翅，有時黑面琵鷺被這突來的舉動驚嚇，口裡的魚掉落水面，大白鷺早有準備，伸長脖子一啄，叨走了這條魚，慢條斯理的往旁邊走了幾步，再把魚吞下肚。

四、睡覺。睡覺是所有動物的本能，黑面琵鷺多利用晚上覓食，所以常在白天睡覺。結束一大早的覓食，牠們會找個安全的地點群聚休息睡覺，通常是紅樹林前、較淺的水域或泥灘地。睡覺前會先簡單的理羽再把頭頸夾在翅膀裡，保暖又安全，遇有動靜時會抬頭張望，沒有安全顧慮則繼續睡，常常一睡就是幾個小時，有時接近傍晚時才恢復活動，睡醒後會甩頭、張翅、小步移動，再一小群一小群的飛離，準備覓食。

五、遊戲。鳥會玩，黑面琵鷺也愛玩，從玩中和同儕互動，或互咬樹枝練習嘴喙咬合。有時幾隻單獨離開主群，在水邊、紅樹林邊互咬。最常看到的是飛到低矮海茄苳或停在較高大的木麻黃以大扁嘴互咬，或起飛、或躍起，在樹梢用嘴、腳趕走停棲的同伴。

說明 9：黑面琵鷺抓到一條魚，後面的個體繼續施展大扁嘴左右掃動的功夫。

說明 10：大白鷺猛然張翅，想驚嚇晨曦裡覓食中的黑面琵鷺。

說明 11：一群黑面琵鷺在灘地睡覺，冠羽在北風的吹拂下揚起。

說明 12：幾隻黑面琵鷺輪流飛到木麻黃樹梢上，用嘴、腳趕走停棲的同伴。

說明 13：黑面琵鷺飛行時頭頸往前伸，兩腳往後伸直，以減少阻力。

六、飛行。飛行是鳥類最重要的行為，除了做長短距離的移動，逃避敵人用飛行的方式是最迅速有效的。黑面琵鷺飛行時擺動翅膀的頻率不高，但卻很有力。飛行時頭頸往前伸，兩腳往後伸直，以減少阻力，要降落時以兩腳下垂滑翔著地。

肆、黑面琵鷺的年齡與繫放

黑面琵鷺沒有在臺灣繁殖，所以臺灣沒有雛鳥。若以日曆年計算年齡，當年出生的黑面琵鷺，在 12 月 31 日前都算一齡幼鳥，隔年 1 月 1 日就算二齡鳥了，再隔年就是三齡鳥，依此類推。黑面琵鷺的外觀特徵會隨著年齡的增長與季節變化而有所改變，個體間也會有成熟度的差異。

一、年齡

一齡幼鳥，眼睛虹膜褐色，嘴喙平滑無皺褶，粉褐色，下嘴喙下緣尤為明顯，羽軸黑色，初級飛羽及次級飛羽末端黑色，最外側的 3 根飛羽，黑色斑塊長。

二齡到第三齡鳥，眼睛虹膜橙褐色，上嘴喙的黑色逐漸往下沿伸，三齡鳥時，嘴喙可能全黑，上嘴喙靠近眼睛部分有皺褶，初級飛羽末端黑色。二、三月開始長出白色冠羽。

四齡鳥，眼睛虹膜轉為紅色，嘴喙全黑，皺褶明顯，部分個體有黃眼斑，年齡越大黃斑越明顯；飛羽全白或初級飛羽只

說明 14：V08 韓國 2017 年雛鳥時繫放，2017 年 11 月拍攝，一齡幼鳥，眼睛虹膜褐色，嘴喙平滑無皺褶。

說明 15：H58 韓國 2016 年雛鳥時繫放，2017 年 10 月拍攝，二齡鳥，上嘴喙的黑色逐漸往下沿伸。

16

17

說明16：E04韓國2010年雛鳥時繫放，2013年3月拍攝，四齡鳥，嘴喙全黑，皺褶明顯，長出繁殖羽。

說明17：左邊的黑面琵鷺飛羽全白，是五齡以上成鳥。右邊的初級飛羽末端黑色，可能是二齡到第三齡鳥。

說明 18：2012 年拍攝到這隻斷腳的黑面琵鷺時，已是超過 8 歲的成鳥，飛羽全白。

有少部分黑色，頭及胸繁殖羽金黃，有些初具繁殖能力。

五齡以上成鳥，眼睛虹膜紅色，嘴喙全黑，皺褶明顯，年紀越大刻紋越深，上嘴喙最尖端磨損，呈略灰白或略黃白，飛羽全白，頭及胸繁殖羽金黃。

二、繫放

繫放對黑面琵鷺的研究很重要，研究人員可以從色環的顏色、腳環的號碼查出繫放的時間地點及遷留狀況，甚至有些還背有研究用的衛星發報器，可以即時了解繫放黑琵的位置。腳環、色環和衛星發報器對解開黑面琵鷺年齡、遷徙、繁殖有重大的助益。全球已繫放超過600隻個體，因繁殖地利之便，繫放數量最多的是韓國，從雛鳥就開始繫放，英文字開頭為K、E、H、S、V等，臺灣繫放的大都是救傷的個體，英文為T，色環以藍色為主。

第三節　黑面琵鷺與臺南特殊建築

壹、七股龍山宮牌樓黑面琵鷺剪黏

「剪黏」是建築物上的鑲嵌藝術，以破碎碗片、陶瓷磚、陶瓷片或玻璃片等為材料，修剪成需要的形狀，再嵌黏於已塑型的灰泥人物、動物、花卉和山水等，裝飾於寺廟宮觀等建築物的屋脊、牆面上，又稱為「立體馬賽克」。

七股龍山宮位於七股區龍山里，主祀池府千歲。廟宇主建築雄偉華麗，進廟前有一座牌樓，牌樓高點兩側各有一隻黑面琵鷺剪黏。這兩隻一左一右的黑面琵鷺，有明顯的大黑臉和寬扁的黑色嘴喙，頸部有四層橘黃漸層至鮮黃的繁殖羽，飛羽及背羽潔白無瑕，層層疊疊，數根如鳳凰張開的尾羽，做工精細，整體造形在藍天的襯托下，層次分明。黑面琵鷺上方有仙女騎鳳凰的剪黏，鳳凰與黑面琵鷺都朝同方向準備起飛，大有展翅高飛的意象。

龍山宮附近有七股最有名的海產街，虱目魚、牡蠣、吳郭

說明 19：七股龍山宮廟前的牌樓高點，兩側各有一隻黑面琵鷺剪黏。

魚、鮮蝦、紅蟳等海產新鮮又便宜，來七股賞黑面琵鷺、尋找龍山宮牌樓特殊的黑面琵鷺剪黏，也不要錯過在地的美食。

貳、七股正王府黑面琵鷺剪黏

正王府位於七股區十份里，主祠溫府千歲及雷府三大將，廟旁建造一艘仿真的王船，有精美的大型雙龍護王船雕刻。廟宇主屋脊左右兩邊最高處，各有一隻姿態優美、造形唯妙唯肖的黑面琵鷺剪黏，全身飛羽潔白，覆羽支支清晰，寬扁的嘴喙、臉部、眼睛全黑，頭後並有明顯繁殖羽的黃色長冠，這兩隻黑面琵鷺張開翅膀，臉朝廣場，以飛行的姿態護佑廟宇。黑面琵鷺剪黏左右是色彩豔麗奪目，貼工精美繁複的神龍及鳳凰，廟方以二十世紀七股在地保育鳥種黑面琵鷺，和幾千年來傳說中的吉祥神獸和神鳥做為屋頂共同裝飾，這樣的工藝創作，不但沒有一絲違和，反而有黑白對比彩色、現代結合傳統的美感。更神奇的是，喜鵲在兩隻黑面琵鷺剪黏的背上，各築了一個巢，喜鵲不只愛上臺南，也愛上黑面琵鷺。這兩種幾乎不相關的鳥，除了全身都以黑白為主外，實在找不到共通性，但在臺南，牠們都有一段深刻的在地歷史文化背景，在正王府，兩者更親密了，不但「日夜都在一起」，喜鵲在「黑面琵鷺」的保護下，還能年年傳宗接代。正王府特殊的黑面琵鷺剪黏，為臺南黑面琵鷺所做的藝術文化貢獻及永久保存與傳承，著實要記上一筆。

正王府離曾文溪黑面琵鷺保育區只有短短幾公里，黑面琵鷺保育的推展活動也會在此舉行。2014 年 12 月「七股黑面琵鷺生態保育季」，「HAPPY 黑琵、歡迎來度冬、卡打車逍遙遊」活動，在正王府前廣場熱烈展開，喜愛賞鳥的民眾，趁著這個難得的機會，騎著自行車以節能減碳的實際行動，到曾文溪口一睹國際明星鳥的風采。借由黑面琵鷺保育季的活動，倡導溼地保護及生態保育，和臺南市推動「生態觀光旅遊」相呼應。

說明 20：七股正王府廟宇主屋脊左右兩邊最高處，各有一隻造形唯妙唯肖的黑面琵鷺剪黏。

說明 21：喜鵲在黑面琵鷺剪黏的背上築巢，兩種臺南地區重要的鳥種，有了另一種形式的聯結。

參、七股六孔碼頭黑面琵鷺立體磁磚壁畫

七股六孔碼頭，屬於臺江國家公園的範圍，因排水閘門有六個排水孔而得名「六孔碼頭」，這裡可以搭乘漁筏遊七股潟湖，一面賞水鳥，一面體驗潟湖生態之美與在地產業文化的風情，尤其日落黃昏時，可以欣賞七股最美的夕陽美景。

主建築物的一面仿紅磚大牆，有一幅長約 6 公尺，高約 3 公尺，遊客遊潟湖的立體磁磚壁畫。竹筏載著手持望遠鏡的遊客，穿過開滿草海桐白花的樹林，船上的大人和小孩，興奮的手舞足蹈，仔細的欣賞溼地的彈塗魚、招潮蟹、展翅飛過的蒼鷺及溼地三寶——黑面琵鷺、高蹺鴴和反嘴鴴。戴斗笠的導遊睜大眼睛，手指著有金黃繁殖羽的黑面琵鷺，似乎在告訴船上的遊客趕緊觀賞七股之寶，這隻佔有牆面很大比例的黑面琵

說明 22：六孔碼頭黑面琵鷺立體磁磚壁畫，呈現七股的水鳥生態要角及周圍的溼地動植物。

鷺，栩栩如生的立於水面和遊客對望，整幅壁畫，呈現七股最重要的水鳥生態要角及周圍的溼地動植物，畫面極為精妙入神。

肆、七股堤防黑面琵鷺群飛立體磁磚壁畫

七股堤防在曾文溪口的西側，這條道路屬於防汛道路，也是自行車道。道路兩側堤防水泥斜坡，各有一面長約 4 公尺、高約 2 公尺的磁磚壁畫，這兩面壁畫是臺江國家公園所製做，是臺灣本島最西邊的黑面琵鷺藝術作品。壁畫的東側就是黑面琵鷺棲息的曾文溪口主棲地，西側就是臺灣海峽。1 隻彈塗魚、2 隻螃蟹像分列式，目送展翅高飛的 4 隻黑面琵鷺，高蹺鴴、

說明 23：溼地三寶黑面琵鷺、反嘴鴴、黑面琵鷺比例顏色正確，幾隻黑面琵鷺彷彿要飛入曾文溪口。

反嘴鴴和黑面琵鷺身體的黑白對比明顯、體型大小比例無誤、反嘴鴴的淺灰藍腳和高蹺鴴的鮮紅長腳，顏色正確，真佩服創作者的敏銳觀察和細心構圖。整幅作品在藍天白雲的襯托下，黑面琵鷺準備要飛入曾文溪口，開始牠們在臺灣的半年生活。

伍、黑面琵鷺造形立體塑像

將近一人高的黑面琵鷺卡通立體大塑像，在北門、將軍、新營、學甲等區都有豎立。包括北門區雙春濱海遊憩區、將軍溪畔南北岸、臺南市政府新營民治行政中心、學甲區華宗公園，都各有好幾個。這些卡通造形的黑面琵鷺頂著橘黃繁殖羽、微開著註冊商標的大扁嘴，有的張翅騎著藍色的腳踏車、有的乘著淺藍小船划著槳、有的坐在大粉紅咖啡杯上、有的拿著紅色雙筒望遠鏡注視遠方，模樣逗趣可愛。除了這些卡通造形的塑像外，七股黑面琵鷺保育中心、黑面琵鷺曾文溪口賞鳥亭、臺灣黑面琵鷺保育學會、鹽水溪畔安南區府安路六段進入海南里人口處，鹽水溪南岸臺南水資源中心、七股區建功國小等都有大型黑面琵鷺立體大塑像。民間也有不少類似創作品，七股「十份鹽居」民宿以鐵器，手工焊接、設計、組合鵝般大小的黑面琵鷺創作雕像、龍海號生態之旅乘船處超過一人高張翅的立體黑面琵鷺等，可見黑面琵鷺藝術塑像在臺南的普遍性。

說明 24：學甲區華宗公園豎立將近一人高的黑面琵鷺卡通立體大雕像，造形可愛逗趣。

陸、黑琵公路與黑琵大橋

臺 61 線快速道路，是臺灣西部濱海地區重要的交通要道，也是全臺最長的快速道路，經過的西部廊道，海岸線生態、人文及民俗文化相當豐富，是活絡經濟、振興觀光的重要運輸幹道。

黑面琵鷺是西部沿海度冬的嬌客，北從嘉義鰲鼓溼地沿濱海線到布袋，再跨八掌溪、急水溪、將軍溪、七股溪，一直沿伸到黑面琵鷺的大本營——曾文溪河口灘地。臺 61 線這條路徑的河口、魚塭和溼地是賞鳥人冬季觀賞數十萬冬候鳥及黑面琵鷺的主要路線。橫跨七股溪的快速公路橋梁工程在 2017 年

11 月完工，賞鳥人終於能從嘉義鰲鼓，一直往南到七股曾文溪口，利用半日或一日的時間，把黑面琵鷺主要的棲息地仔細走完。

全長 420 公尺的七股溪橋，跨越七股溪七股潟湖的河口，採大跨距拱橋，最大跨徑長達 150 公尺，並在東西兩側設有觀景平臺，在平臺上可以欣賞沿著七股溪兩側生長，整年翠綠的大片紅樹林，清晨往東看，晨曦、彩霞、日出映照蚵架的潟湖金黃美景盡收眼底；也可搭上生態觀光船，從河道欣賞潟湖美景，觀察潟湖上蚵架成串牡蠣的養殖生態，看著一隻隻的鸕鷀潛水抓魚吃飽後、停在蚵架上張翅晾曬。黃昏時往西遠眺，落日餘暉滿天映紅，海天共一色的美景，譜出「公路八景」之美譽。

從橋下螺旋梯走到橋上的人行步道，大橋外側的整排護欄是用黑面琵鷺圖騰鑄鋁合金打造的，黑面琵鷺停棲、理羽、展翅、飛翔的姿態，就長年佇立在橋上，像是在守護這座大橋，在地人也稱此橋叫「黑琵大橋」。從「黑琵大橋」往南，可在十幾分鐘之內到達黑面琵保鷺保育區的曾文溪口，因此七股的這一段臺 61 線，也暱稱為「黑琵公路」，當地人及喜愛黑面琵鷺生態的鳥友，用這貼切易記的「黑琵大橋」、「黑琵公路」來稱呼，結合了臺南特有、豐富的黑面琵鷺文化及生態，彰顯了這段公路的可貴。

說明 25：臺 61 快速道路橫跨七股溪的「黑琵大橋」，是「黑琵公路」重要的橋梁路段。

說明 26：鑄鋁合金黑面琵鷺圖騰，理羽、展翅、飛翔的姿態，就長年佇立在橋上。

2019 年 4 月交通部公路總局規畫的臺 61 線向西濱快速公路的「最後一哩路」曾文溪橋段，環保署首次環差初審決議修正後通過。西濱快速公路 2026 年可望全線通車。通過環差會議的曾文路段往東側偏移，以避開敏感帶的臺江國家公園溼地，亦即避開西側黑面琵鷺大本營的曾文溪口。完工後的曾文大橋連接臺江大道，並串聯臺南市濱海地區各觀光景點，將可帶動整體區域發展，期望這樣的公路興建不會驚擾到曾文溪口的黑面琵鷺及候鳥，也能幫助遊客更樂於到臺南地區欣賞黑面琵鷺的美妙身姿。

第四節　黑面琵鷺與臺南教育文化

壹、濱海學校黑面琵鷺課程的推行

在臺南，與黑面琵鷺相關的教學活動是最好的生態教育及環境教育課程設計內容，特別是濱海的學校，常在教學計畫中融入黑面琵鷺舞蹈、美勞、繪畫等藝文活動。北門區錦湖國小玄關黏貼的二十幾個各種姿態、造形的黑面琵鷺豔麗磁磚，讓人不禁一個個細細端詳；學甲區私立名人幼稚園小小黑面琵鷺之舞，跳遍附近的大大小小活動。將軍區漚汪國小是臺南市海洋教育中心學校，以黑面琵鷺、反嘴鴴、高蹺鴴為主的大型鳥類生態海報，貼滿海洋資源中心的教室內外，由學校師生繪製

說明 27：北門區錦湖國小玄關黏貼的二十幾個各種姿態、造形的黑面琵鷺豔麗磁磚，讓人不禁一個個細細端詳。

的黑面琵鷺繁殖羽立姿理羽圖，生動活潑。

七股區七股國小 2018 年畢業生在七股分駐所圍牆繪製的「皓皓琵鷺款款飛」，配色鮮豔，5 隻黑面琵鷺的不同姿態，吸引了來來往往過路客目光；學甲區學甲國小行動英語村結合在地黑面琵鷺文化課程，行動英語車巡迴到七股區龍山國小、光復實小，以「七股賞黑面琵鷺」情境課程，由外籍老師帶領

說明 28：將軍區漚汪國小師生繪製的黑面琵鷺繁殖羽立姿理羽圖，生動活潑。

說明 29：七股區七股國小畢業生繪製的「皓皓琵鷺款款飛」，配色鮮豔。

小朋友，用英文會話，搭配黑面琵鷺的模型道具，讓孩童用英文說出「我們在七股賞黑面琵鷺」。以英文融入在地文化的課程教學，期許學童累積學習成果，有一天能用英文導覽黑面琵鷺生態。

貳、建功國小黑面琵鷺總體課程成果

距離曾文溪口黑面琵鷺保育區最近的學校——七股區建功國小，對黑面琵鷺教育課程的推動可說不遺餘力，而且成果豐碩。

從校門口大約和一年級學童等高的 2 隻背著建功國小書包的可愛造形黑琵面鷺娃娃，可以看出這所迷你小學對黑面琵鷺生態教育文化推動的用心和細膩。

圍牆上的榮譽榜由黑面琵鷺圖案拉起，學校的 FB 首頁是可愛黑面琵鷺卡通造形圖案 logo，校刊叫「建功黑琵報」，走廊貼滿完整的黑面琵鷺生態解說海報，班級、校長室、辦公室和專科教室懸掛在走廊的名牌，以可愛黑面琵鷺卡通造型做成，樓梯臺階也做成黑面琵鷺學習步道，校園處處都有黑面琵鷺的身影。校園操場一幅長 9 公尺、高 3 公尺的黑面琵鷺碼賽克磁磚壁畫「夢想起飛」，翠綠的紅樹林前，一群黑面琵鷺在碧藍的曾文溪口灘地，自在的理羽、展翅、飛翔，張翅遨翔，徜徉天際，準備飛向夢想的國度。

說明 30：建功國小校園操場黑面琵鷺碼賽克磁磚壁畫「夢想起飛」，極有藝術性。

學校舞蹈隊辛勤團練、克服困難，以「黑面琵鷺之舞」躍上全國舞臺，小小黑琵舞者穿著黑琵白色舞衣，頭戴黑琵造型的金黃繁殖羽及黑臉大扁嘴，以「黑面舞者」之姿，舞出黑面琵鷺在曾文溪口休息、合作覓食、展翅飛舞，動作擬真到位，舞姿律動優美，神韻精妙細膩，彷彿三月轉繁殖羽的黑面琵鷺就在眼前輕舞飄動，曲目獲得全國舞蹈比賽特優。並應邀到各個社區及每年的黑面琵鷺生態保育季活動表演，每場都大獲好評。

建功國小位於七股十分里，以地名為繪本名，繪製第一本家鄉故事繪本「十份里的十分禮」。學童以超過一個學期的時間，在師長指導下共同創作而成。繪本中以學童的視野及童趣，仔細描繪黑面琵鷺飛越千里，來七股度冬覓食、理羽、遊戲、棲息的生態情景，畫出七股十份的在地鮮美虱目魚料理、蚵嗲小吃，和海茄苳、招潮蟹、彈塗魚等漁村地景。建功學童

說明 31：建功國小「黑面琵鷺之舞」應邀至黑面琵鷺生態保育季活動表演，大獲好評。

在擬人化的黑面琵鷺的鼓勵下，自立自強，努力不懈，最後舞蹈隊以「黑面舞者」，躍上全國舞蹈比賽舞臺，榮獲冠軍。並把黑面琵鷺繪本做成精彩的動畫，做成建功國小家鄉繪本網站，傳承家鄉的人文與文學，讓更多人透過黑面琵鷺生態文學創作，認識臺南黑面琵鷺及在地文化。

學校並對黑面琵鷺的課程整體規畫有縱和橫的銜接：包括低年級──黑面琵鷺生態，透過「黑琵先生」王徵吉老師對黑面琵鷺的講解，認識黑面琵鷺生態。中年級──黑琵好朋友與溼地植物的互動，了解黑面琵鷺度冬的生態環境及其溼地生態。高年級——黑琵輕旅行，認識當地自然環境，並實際走訪規劃生態旅遊路線。

第五節　黑面琵鷺與臺南特殊鳥文化

壹、黑面琵鷺與虱目魚罐頭

黑面琵鷺來曾文溪口過冬，除了寬廣的河口能提供安全的棲息外，附近的魚塭則提供黑面琵鷺另一個重要的生存條件——豐富的食物。

虱目魚是臺南的特產，老臺南人每天離不開這一味，外地來的遊客來臺南也想品嚐虱目魚的各種料理。黑面琵鷺是臺南的代表鳥種，就算平時不賞鳥的民眾，也會去曾文溪口瞧瞧，感受一下一群人賞黑面琵鷺的熱鬧。

溪口附近養殖虱目魚的魚塭，早期是以淺坪式養殖為主，水位約 50 公分，漁民大約在每年四、五月開始放養虱目魚苗，由於虱目魚不耐寒，淺坪式的魚塭冬天水溫過低，漁民趕在寒冬來之前的十月、十一月打撈虱目魚販售，魚塭中剩下的吳郭魚、雜魚，小蝦、小螺等成為黑面琵鷺最好的食物。後來隨著養殖方式的改變，漁民改為經濟收益更好的深水式養殖，養殖文蛤、石斑魚等魚種。魚塭的水位變深，黑面琵鷺覓食的環境受到影響。

自2011年起，臺江國家公園管理處與國立臺南大學合作，在七股校區內廢棄魚塭，以鹹水淺坪養殖方式養殖虱目魚，做為對黑面琵鷺友善棲地的營造實驗，將收成的虱目魚製成罐頭，取名「虱藏美味」，把這虱目魚和黑面琵鷺圖案結合在一個商品上，推廣「來自對黑面琵鷺友善魚塭」的產品，傳達人與自然和諧共存的保育理念，藉由臺江國家公園的認證及自然保育的形象，提升品牌形象，以吸引漁民加入，希望能改變經營管理模式，逐步擴大傳統鹹水淺坪養殖魚塭的面積，維繫這有傳統歷史的養殖產業，擴大社會影響力，共創溼地保育的多贏局面。

說明32：來自對黑面琵鷺友善魚塭的虱目魚罐頭，取名「虱藏美味」。

貳、黑面琵鷺保育生態季活動

臺南市每年都會舉辦各式各樣的黑面琵鷺保育生態季活動，包括臺江國家公園推出的「臺江黑琵季」系列活動，由臺南地區生態團體——臺南市野鳥學會、臺南市生態保育學會等單位承辦。活動地點包括臺南市的校園，鹽水溪畔、四草野生動物保護區、七股黑面琵鷺保育中心、七股頂山溼地、學甲溼地生態園區等地點，活動項目多元精彩，表演活動包括學甲區私立名人幼稚園小小黑面琵鷺之舞，七股建功國小的小小黑琵之舞、七股區公所黑琵天使舞蹈、名歌手演唱「黑面寶貝」等歌曲以及王丁乙先生的黑面琵鷺剪紙。

說明 33：黑面琵鷺生態保育季活動每年舉行，大型的黑面琵鷺人偶是遊客注目的焦點。

每年配合的活動包括親子黑琵寫生比賽、親子淨灘、野放傷癒的黑面琵鷺、DIY 動手做翱翔的立體紙卡黑面琵鷺、鳥類生態解說及闖關遊戲、黑面琵鷺及鳥類生態攝影展等；結合觀光活動，規畫各種博覽會、單車親子共遊、搭竹筏賞黑琵、水上森林紅樹林秘境、溼地潮間帶解說活動、虱目魚、牡蠣、文蛤、鹽水吳郭魚等美食品嚐等。期能藉由黑面琵鷺保育季活動的舉辦，讓民眾了解臺南溼地生態的豐富及重要性，展現臺南地區黑面琵鷺保育的成果和決心。

第六節　黑面琵鷺與臺南的相關機構

壹、臺江國家公園

臺江國家公園，2009 年 12 月 28 日正式掛牌成立，是我國第八座國家公園重要的陸域部分包括七股潟湖，黑面琵鷺保護區，鹽水溪至曾文溪沿海公有地等範圍。

在臺江國家公園最常見到海灘、沙洲、汕尾、潟湖、海埔新生地、魚塭、廢棄鹽田、泥灘地、河口沙洲等地形及紅樹林溼地，這些都是招潮蟹、彈塗魚等潮間帶生物重要的棲息地，這些棲息地也提供鷸鴴科、雁鴨科及黑面琵鷺、反嘴鴴、高蹺鴴等候鳥來此度冬時的食物。紅樹林溼地更是小白鷺、夜鷺和黃頭鷺，及少數在臺灣落地生根的大白鷺、中白鷺的群聚的營

說明 34：臺江國家公園管理處位於四草大道北邊與鹽水溪間的魚塭地。臺江國家公園，對黑面琵鷺的保育有舉足輕重的地位。

巢所。

2007 年內政部營建署評選 75 處國際級、國家級溼地，其中 4 處位於臺江國家公園內。曾文溪口溼地和四草溼地屬於國際級溼地；七股鹽田溼地和鹽水溪口溼地屬於國家級溼地。國家公園內屬於鳥類保護區有 3 處，包括黑面琵鷺保護區，高蹺鴴保護區，北汕尾水鳥保護區。

臺江國家公園管理處成立以來致力於黑面琵鷺生態基礎調查繫放與調查研究，並提供黑面琵鷺食物來源的友善養殖與棲地管理等工作，每年均辦理相關保育宣導與教育推廣活動。全球黑面琵鷺族群數量逐年增加，臺江國家公園管理處有舉足輕重的地位。

說明 35：臺江國家公園管理處暨遊客中心採高腳屋的構造建成，全區是白色低矮的屋頂式建築。

臺江國家公園管理處暨遊客中心座落於四草大道北邊與鹽水溪間的魚塭地，採高腳屋的構造建成，全區是白色低矮的屋頂式建築，建築物底下是開放水域，提供水生動植物、魚蝦自然生長繁衍。館內定時播放黑面琵鷺生態影片，並有定時導覽。館內的臺江自然生態與棲地體驗，模擬沿岸紅樹林生態、溪口浮覆地、鹽沼地等溼地系統，並且將溼地的水鳥，以放大模型方式呈現，包括黑面琵鷺、蒼鷺、高蹺鴴、反嘴鴴、裏海燕鷗、太平洋金斑鴴、赤足鷸、紅胸濱鷸、青足鷸、東方環頸鴴、中杓鷸、黑嘴鷗、小燕鷗、尖尾鴨、琵嘴鴨、小水鴨、赤頸鴨等。

貳、黑面琵鷺生態展示館

來臺南賞黑琵，一定不可錯過參訪「黑面琵鷺生態展示館」。如果來臺南的時間不多，只能停留一個地點，又想好好認識黑面琵鷺，黑面琵鷺生態展示館是最值得推薦的點。

臺南縣市合併前，臺南縣政府於 2005 年規劃成立「黑面琵鷺保育管理及研究中心」，2009 年由農委會特有生物研究保育中心接管，改名為「黑面琵鷺生態展示館」。生態展示館和曾文溪口的臺江國公園管理的黑面琵鷺賞鳥亭相距只有一公里，兩個臺南重要的黑面琵鷺生態推廣及賞鳥點相連，地理位置有加乘的效果。

「黑面琵鷺生態展示館」整體建築物，以鋼構高架方式建造於魚塭溼地裡，建築主體不到二層樓高，外觀以木造為主，降低與當地自然景觀的衝突、並與魚塭、紅樹林的地理環境結合，是屬於兼具環保、綠能與生態共享的多功能綠建築。硬體設施包括戶外景觀平臺、會議室、展覽室、多媒體展示室，以及最重要的全球黑面琵鷺常態展示區。

穿過白水木、草海桐、馬鞍藤等濱海常見植物的步道，迎接遊客的是一排鐵製的黑面琵鷺，這排入口意象的黑面琵鷺，有各種不同的姿態造型，或立、或臥、或展翅、或飛翔。進入展示館，映入眼簾的是千姿百態的各種水鳥標本，不同於透過望遠鏡欣賞，在這裡可以看到水鳥的實際大小。

說明 36：「黑面琵鷺生態展示館」以鋼構高架方式建造於魚塭溼地裡，外觀以木造為主。

黑面琵鷺常態展示區是黑面琵鷺生態展示館的主軸，包含三個主題：

一、黑面琵鷺生命史

（一）全球 6 種琵鷺簡介。除了展示主角黑面琵鷺的生態外，對全球其他 5 種的琵鷺也有詳細介紹，認識這 5 種琵鷺的生態行為、遷留區域、保育現況，對了解具備獨特生命史的黑面琵鷺生態會有更多面貌的體認。

（二）黑面琵鷺分布遷徙互動區。包括繁殖地、遷徙路線，度冬區域。遊客可以透過簡單的互動遊戲，認識全球黑面琵鷺

說明 37：展示館展示完整的黑面琵鷺生態，不少遊客選擇來這裡認識黑面琵鷺。

分布位置，及一整年的遷徙情形。

（三）黑面琵鷺標本區。展示的黑面琵鷺主要是 2002 年 12 月至 2003 年 1 月間，因疑似吃下帶有肉毒桿菌病毒的腐魚，造成呼吸困難昏迷死亡的個體標本。除了有不同年齡的個體外觀差異比較外，另有十幾隻模擬位於魚塭地的生態行為。

二、溼地生態

以實物、模型、鳥類標本及影片，介紹沿海溼地、紅樹林溼地的植物及動物群相，包括紅樹林樹種、招潮蟹、彈塗魚，以及各種鳥類生態。

三、保育運動與永續發展

黑面琵鷺的保育歷經滄桑，濱海土地的開發未曾停止，保育運動的推動讓黑面琵鷺有暫時喘息的機會，數量每年提昇，但接踵的問題與挑戰未曾停止，黑面琵鷺的保育活動永續發展仍待努力。

走出館外，往西延伸的戶外木質平臺，可以在此休憩，讓冬日陽光拂照臉龐，幸運的話還可欣賞黑面琵鷺排成人字形飛過藍天。黃昏時遠望七股寬廣的魚塭和溼地夕陽，美不勝收。

黑面琵鷺生態展示館的經營團隊，經過十幾年來的努力，成功的整合民間團體和政府的力量，結合當地珍貴生態環境資源，推廣生態教育及保育意識，並結合小學環境教育議題，推廣親子共同參與生態營隊等教育文化活動，總算有不錯的成績。

參、臺灣黑面琵鷺保育學會

臺灣黑面琵鷺保育學會現址位於七股區頂山里已廢校的頂山國小分校，在老舊的校舍，默默的對黑面琵鷺的保育工作奉獻心力。

目前會館包含一樓生態導覽室，二樓有供會議及簡報的寬敞視聽教室，會務及志工交流室，並提供背包客小棧，可讓短期的背包客住宿，展覽室不定期展示地方鄉土、人文生態作品；

說明 38：臺灣黑面琵鷺保育學會結合附近的國小學童，在牆上彩繪可愛的黑面琵鷺。

結合頂山社區發展協會，共同導覽頂山里的人文史蹟。

臺灣黑面琵鷺保育學會前身為臺南縣黑面琵鷺保育學會，成立於 1998 年 9 月。2011 年 5 月於內政部立案為社團法人臺灣黑面琵鷺保育學會。2013 年 7 月遷館進駐原頂山分校。學會的宗旨為：保育全球瀕臨絕種野生動物黑面琵鷺，以學術研究、解說教育以及生態活動等方法，進行關於黑面琵鷺生態研究，保護黑面琵鷺棲息地，以及教育民眾養成注重生態保育之觀念。學會除每年提供專業的導覽服務，帶領民眾認識及體驗環境生態、人文教育及地方鄉土之美，每年定期培訓解說及保育志工，充實黑面琵鷺調查所需要的大量人力，對生態調查、解說推廣及保育落實有相當大的助益。

研究人員對全球黑面琵鷺概況、韓國每年黑面琵鷺繁殖繫放、七股地區黑面琵鷺的繫放、臺灣黑面琵鷺族群變遷與當

說明 39：學會提供解說服務，讓參觀的民眾對黑面琵鷺保育有更多的了解。

前保育議題、黑面琵鷺存活率分析等，都投入大量的調查及研究，而且有可觀的成果。所出版的會刊「黑面撓环」，已有六十餘期，多年累積的鳥類調查資源多元詳細，非常值得參考。

第七節　黑面琵鷺出版品

有關黑面琵鷺的出版品眾多，包括書籍、DVD、歌曲等。

書籍：

- 飛吧！七股的黑面仔，巫昱宏著，昱宏出版，2017 年 9 月。
- 黑面琵鷺來過冬，王徵吉、王秋香著，信誼出版社，2017 年 3 月。
- 黑琵行腳，許晉榮、王徵吉著，臺江國家公園管理處出版，2015 年 12 月。
- 黑面琵鷺全紀錄， 吳佩香、王徵吉著，經典雜誌，2001 年 11 月。
- 黑面琵鷺，林本初著，聯經出版公司出版，2003 年 09 月 22 日。
- 黑面琵鷺來作客，謝安通、陳加盛、鐘易真著，臺南縣立文化中心出版，1999 年 3 月。

DVD

- 風中旅者——黑面琵鷺，臺江國家公園管理處，2013 年 03 月。
- 返家八千里——黑面琵鷺，沙鷗，2009 年 7 月。
- 臺灣脈動 1——黑面琵鷺，新動，2009 年 1 月。
- 大自然的旅者，黑面琵鷺的度冬與繁殖， 特有生物研究保育中心，行政院農業委員會，2004 年 2 月。

歌曲

- 黑面寶貝，2015 年七股之歌第二輯，七股區長莊名豪詞曲。魏嘉榆演唱，並由七股黑琵天使隊舞蹈演出。
- 烏面撓杯，郭文卿詞、簡上仁曲。2011 年
- 黑面琵鷺的故鄉鹽埕所在，陳明章，2006 年。
- 黑面鴨要報仇，陳昇等，為了搶救黑面琵鷺而反對在臺南七股蓋七輕。1997 年。
- 黑面琵鷺對叼去，李文正詞、施伯鋒曲，2011 年 09 月。

除了出版品，黑面琵鷺的磁杯、杯墊、布袋戲偶、大型人型布偶、鑰匙圈、衣服、帽子、雨傘、相框等相關消費品琳瑯滿目，在臺南地區隨處可見，應有盡有，彰顯黑面琵鷺與庶民文化的息息相關。

第三章

菱角鳥——水雉

黑面琵鷺是沿海溼地生態的指標鳥種；水雉則是埤塘、菱角田等內陸溼地的指標鳥種。全球水雉科共有 8 種，繁殖於臺灣的水雉是長尾水雉，華南、東南亞、菲律賓等地都有分布。

1997 年臺南縣政府舉辦縣鳥選拔活動，水雉獲得最高票，獲選為臺南縣鳥。2010 年臺南縣市合併為臺南市，2014 年水雉獲選為市鳥。不論是合併前的臺南縣或合併後的臺南市，水雉始終是臺南人的最愛。

說明 1：水雉優雅的姿態，始終是臺南人的最愛。

幾十年前水雉族群遍布臺灣各地有浮葉植物的水塘、農田，後來因為農地種植的改變，水塘縮減、農藥過度使用及獵捕等問題，2000年全臺族群剩約50隻。之後隨著環境保育觀念推廣，政府民間復育有成，最近幾年水雉成鳥數量維持在500隻以上，而且逐年增加，2018年冬季族群調查超過1,000隻。主要集中在臺南市官田區菱角田、水雉生態教育園區及附近的幾個區；全臺各地偶見零星小族群，高雄市、宜蘭縣最近幾年也有繁殖紀錄。

第一節　水雉生態

水雉是臺灣少數行一妻多夫的繁殖鳥，牠們的生態行為有很多超乎人們的想像，甚為精彩有趣。

壹、水雉生態

一、夏羽。四月，水雉換上新裝，一身華美的彩衣，潔白秀美的額頭、頸後一排金黃宛如駿馬鬃毛般的羽毛、從肩到背一致的亮橄欖黑；展翅飛翔時，初級飛羽尖端的亮黑，點綴在潔白的雙翅上；飄曳的長尾隨風輕擺，修長的雙腳踏著凌波舞步，優雅閑靜的在菱葉間遊走，難怪會有「凌波仙子」的美譽。

二、求偶。雌鳥的體型比雄鳥略大，會在農田的一隅大聲

說明 2：水雉一身華美的彩衣，展翅飛翔時，初級飛羽尖端的亮黑，點綴在潔白的雙翅上。

說明 3：雌鳥鼓動喉嚨，發出響亮高亢的「ㄧㄨㄩ～」或「ㄠㄨㄩ～」聲音求偶。

說明 4：雄鳥在領域裡尋找穩固的菱葉開始築巢，巢材由十來支菱葉葉柄組成。

鳴唱，以建立自己的領域，叫聲為響亮高亢的「一ㄨㄩ～」或「ㄠㄨㄩ～」，並開始驅趕別的雌鳥。雄鳥被雌鳥吸引，嘗試「一ㄨㄩ～」的回應，並在雌鳥的領域逗留，期待雌鳥的青睞。得到雌鳥的接納配對後，雄雌鳥的鳴唱會愈加明顯，似乎在建立更好的配偶關係。幾天後，雄鳥開始在菱田尋找適合築巢的地點。

三、築巢。雄鳥在領域裡尋找穩固的菱葉開始築巢，巢材由十來支菱葉葉柄組成，雌鳥會在巢位試站，看看巢是否穩固，再決定要不要使用這個巢位。

四、交尾。經過幾天的求偶行為後，水雉開始準備交尾，水雉的交尾通常都在下午三點至五點左右。交尾前，雄鳥會在巢位附近水域洗澡，洗完後，在巢位站立，呈頭朝下尾朝上的姿勢，快速的顫動身體，發出「唧、唧、唧～」急促而連續的鳴叫聲，如此來回數次，以吸引雌鳥，雌鳥如果同意交尾，會慢慢走到巢位上站立，並把頭壓低，露出平整的背，雄鳥在雌鳥周圍跳躍，試圖跳到雌鳥背部，多次嘗試後，終於用細長寬大的腳趾，踩在雌鳥背上，並努力的拍動雙翅保持平衡，最後雄雌鳥的泄殖腔接觸，完成交尾。交尾結束後，雄鳥直接飛離，雌鳥會在巢位上站立幾秒鐘再離開巢位。整個交尾過程大約兩分鐘。通常一天交尾一次，偶有一天交尾兩次的情形，在下蛋前，會一連交尾幾天。

說明 5：交尾前，水雉會在巢位附近的水域洗澡。

說明 6：雄鳥在巢位站立，呈頭朝下尾朝上的姿勢，吸引雌鳥進巢位交尾。

說明 7：整個交尾過程大約兩分鐘，通常一天交尾一次。

五、生蛋。水雉雌鳥生蛋一般都在早晨七點至八點左右。清晨，雄鳥會先在巢位低聲鳴叫，呼叫雌鳥來巢位生蛋。雌鳥緩步走到巢位，在巢位附近來回踱步幾次，有時會飛離後再飛回，似乎在做最後的準備。雌鳥再次來到巢位後，兩腳略為打開，站在巢位上，左右腳單獨抬起又放下，又轉身好幾圈，以調整下蛋的最好姿勢，最後兩腳打開大約 90 度，身體微彎，泄殖腔打開時，一顆光澤溼潤橄欖綠的蛋，骨碌的掉在菱葉上。雌鳥略為看一眼，緩步走離。雄鳥也沒閒著，雌鳥辛苦生蛋時，雄鳥一直在旁邊幾公尺的地方監看雌鳥的一舉一動，等雌鳥一離開，雄鳥飛到巢位，檢視剛生下的蛋。

說明 8：這隻雌鳥努力的生蛋，蛋已經快完全離開泄殖腔。

六、棄蛋。母系社會的水雉生殖還有一個有趣的現象，如果是雌鳥剛生下這窩的第一顆蛋，雄鳥在雌鳥下蛋後回到巢，以尖嘴試圖咬起蛋，竟也能把不算小的蛋啣住，然後飛往田的最遠一頭，把蛋丟棄，原來一妻多夫的水雉，雄鳥為了確保不要養到別隻雄鳥的種，才發展這樣的行為，更有意思的是，雌鳥也不阻止雄鳥的棄蛋行為，繼續和雄鳥生下四顆蛋。生下的蛋如果太小顆，不用雄鳥費神檢查，雌鳥甚至會直接把蛋啣走丟棄。

七、孵蛋。水雉的孵蛋工作，完全由雄鳥負責，雌鳥下完一窩蛋後，會在菱角田的其它角落建立新的領域，吸引另一隻

說明 9：雌鳥生完蛋後回頭檢查，發現蛋太小顆，自己把蛋啣走丟掉。

說明 10：這窩蛋築在芡實葉上，幾乎沒有任何巢材。

雄鳥來繁殖，重覆求偶、築巢、交尾、生蛋的行為。如果佔有的領域夠大，有時會在同一個繁殖季和 4 隻雄鳥各生殖 2 次，分別產下 8 窩蛋。雄鳥在孵蛋的期間，除了有時需離開去覓食，或驅趕入侵的其他雄鳥及其他鳥種外，大部分的時都會在巢位孵蛋。天氣熱時，雄鳥會站在巢位，抖動旋轉雙翅幫蛋散熱，有時會離開巢，羽毛沾溼後再回巢，幫蛋降溫。

八、移蛋。水雉孵蛋的過程，雄鳥如果發覺巢位不穩，蛋有掉落的危險，會在原巢位附近再找一個安全穩當的新巢，用嘴喙慢慢把蛋一個個移到新巢，新巢的位置距離舊巢，從幾十公分到十幾公尺都有；同一窩蛋，有時甚至會移第二次，蛋有時會在移動的過程中掉落，是孵蛋期間極危險的舉動。

說明 11：雄鳥發覺巢位不穩，蛋有掉落的危險，把蛋一顆顆移至新巢。

九、出生。經過 25 ～ 27 天辛苦的孵蛋，水雉寶寶終於要出生了。水雉是屬於早熟性的鳥，出生時身上就有絨毛，破殼時絨毛溼答答的黏在身上，一個小時左右絨毛乾了，水雉寶寶就能在巢位上走動。雄水雉會把剛破殼的蛋殼啣著，飛到幾十公尺外的地方丟棄，以免天敵被蛋汁的味道吸引。雌水雉生蛋時一天生一顆蛋，但孵化時，4 個蛋大都在同一天孵出，以利雄水雉同時照顧。

十、育雛。水雉爸爸不會餵食物給雛鳥吃，而是帶著雛鳥在領域裡覓食，有時會翻動水生植物，方便雛鳥啄食植物上的小蟲。天冷或下雨時，雛鳥會躲在爸爸的懷裡及翅膀裡取暖，當水雉爸爸站立時，會看見幾支細長腳在半空中盪啊盪的，雛

說明 12：雄鳥會把剛破殼的蛋殼啣著，飛到幾十公尺外的地方丟棄，以免天敵被蛋汁的味道吸引。

說明 13：這隻雛鳥已孵化一個多小時，絨毛漸漸乾了。

說明 14：水雉爸爸帶著 4 隻雛鳥離開巢位，四處覓食。

說明 15：前一窩的雛鳥好奇的來看爸爸在做什麼，這隻雛鳥約 5 個星期大了。

鳥稍大時，有時頭會鑽出爸爸的翅膀上方，好像翅膀上長了一個或幾個頭。幼雛約八週大，飛羽長齊能飛行了，就得獨立生活，不需水雉爸爸照顧。

水雉爸爸還在育雛時，有時會和水雉媽媽再生一窩蛋，水雉爸爸肩挑重擔，一面要照顧幼雛，一面要孵蛋。在育雛時，雌水雉除了和別的雄水雉生另一窩蛋外，會保護好自己的領域，驅趕別的鳥。

十一、打架。看似優雅的水雉，打起架來兇悍得很。打架時，會先抬頭挺胸互相對峙，用強健的身體威嚇對手，如果互相不認輸，就騰空飛躍，撲向對方，大而長的腳爪是最好的武器，尖嘴也能派上用場。水雉打架大部分是爭奪領域，雌水雉為了爭奪繁殖的領域，會相互打架，贏的水雉得到的獎賞就是一塊地盤；雄水雉之間為了爭奪領域及配偶，打起架來更激烈，甚至能把對手壓制在水裡幾十分鐘，大有置對方於死地的決心；孵蛋育雛時，如果有別的雄鳥入侵，會速迅驅離，甚至不惜一戰，以鞏固得來不易的地盤。

十二、驅敵。繁殖過程中，天敵來自四面八方，紅冠水雞會侵入領域，烏龜、泰國鯉魚、蛇、老鼠、夜鷺、黃頭鷺會吃掉蛋和幼雛，在危機四伏的水塘裡，親鳥的責任重大，得時時提高警覺，驅趕天敵。

十三、冬羽。九月，繁殖季結束，褪去華麗的繁殖羽，長

說明 16：打架時，用細長強健的腳爪，騰空飛躍，撲向對方。

說明 17：水雉追趕侵入領域的紅冠水雞，揚起了陣陣水花。

說明 18：九月，繁殖季結束，褪去華麗的繁殖羽，換上一身褐色的冬羽。

尾羽脫落，換上一身褐色的冬羽；不再佔有原來的領域，而是和其他的水雉群聚，準備度過食物較少的冬天。

貳、農藥中毒

官田幾百公頃的菱角田在秋季收成後，農人會改種稻，種植的方式採用直接撒稻穀的直播法，有別於臺灣其他地區的插秧種植。部分農人為避免直播的稻穀被鳥類吃掉，會將浸泡過加保扶農藥的稻穀撒在田邊，或撒些顆粒狀的加保扶來毒鳥，以免紅鳩、紅冠水雞、麻雀等喜歡吃穀子的鳥吃掉辛苦撒播的稻穀。加保扶是一種毒性極強的農藥，一般稱為「好年冬」，

圖 19：冬天食物較缺乏，水雉四處找水田覓食。

鳥類在冬季食物普遍不足的情況，會啄食田裡可找到的食物，因而導致死亡，連二級保育的彩鷸及水雉也陸續傳出死亡情形。2009 年至 2010 年有一百餘隻的水雉中毒死亡，震撼了政府及民間保育單位。了解農藥中毒的原因後，自 2010 年起，逐步輔導農民採用不撒農藥的友善種植，並由民間基金會以契作等方式補助農戶。此後，水雉及其它鳥類的死亡逐漸降低，後來還研發驅鳥球等趕鳥裝置，讓鳥不要吃稻穀，期能用更友善的種植方式，讓農民的作物、水雉的復育及改善環境三方面達到三贏。

✎ **水雉　小檔案：**

- 體長 39-58cm
- 水雉科
- 學名：*Hydrophasianus chirurgus*
- 英文名：Pheasant-tailed Jacana
- 別名：菱角鳥　凌波仙子
- 遷留狀態：稀有留鳥、稀有過境鳥
- 保育等級：二級保育類

特徵：

虹膜暗褐至黑色，嘴鉛綠色，腳灰綠色。雌雄同色，雌鳥體型較大。繁殖期頭頂、面頰、喉和前頸為白色，部分個體頭頂有黑斑點或黑色斑塊，頸後金黃色，肩、背橄欖黑，靠近尾羽處為褐色，翅白色，飛羽末端黑色，尾黑色甚長，腹部黑色；趾長，便於在浮葉植物上行走；冬羽體上褐色，尾羽變短，第一年冬羽的幼鳥虹膜黃色。

生態行為

水雉為一妻多夫制，每年四到九月是繁殖季，築巢於浮葉植物上，在臺灣主要在菱角葉上築巢，也會在芡實、印度杏菜、大萍或布袋蓮上築巢，通常每窩四個蛋，蛋為橄欖綠至褐色。雌鳥下完一窩蛋後，會再找別的雄鳥再產一窩蛋，孵蛋帶雛的工作全由雄鳥負責，一個繁殖季一隻雌鳥最多可產 8 窩蛋。水雉主要吃浮葉上的昆蟲、蛹、蜘蛛、小螺，也吃植物種子或嫩芽。

第二節　水雉與菱角產業文化

有鑑於水雉的減少，臺南縣政府於 2000 年開始實施「菱農獎勵辦法」，只要水雉在菱農的菱角田上築巢，每個巢孵化 1 ～ 2 隻雛鳥，可以領取一萬元的獎勵金，3 ～ 4 隻可以領取兩萬元的獎勵金。這個獎勵機制配合水雉保育的宣導，讓菱農主動保育水雉，達到水雉增加的目的。往後幾年，隨著水雉數量的持續恢復，巢位數的增加，獎勵金的金額也跟著逐年往下修。

隨著全臺埤塘面積的減少，採菱角的畫面，除了在官田地區外，已不易見到。早秋時，菱角進入盛產季，菱角的收成全靠人力，機器無法取代，菱農得全副武裝，頭戴斗笠或帽子，穿著青蛙裝，半身浸泡在菱田裡，靠幾十年來的經驗，靈巧的翻找採摘菱盤底下一個個赤紅帶黑的菱角，每一口淨白香甜的菱角仁，都是烈日下，由平均七、八十歲的老農一手一手摘取的。

說明 20：菱角的收成全靠人力，每一口淨白香甜的菱角仁，都是烈日下，由平均七、八十歲的老農一手一手摘取的。

水雉和菱角田有密不可分的關係，水雉的臺語叫做「菱角鳥」，除了外形像菱角外，覓食繁殖都必需依附著菱角田。「吃菱角，助水雉」，水雉需要菱角田才能生存，菱田種植面積愈多，水雉棲地愈大，更有利於繁殖。官田是臺灣目前最大的菱角產地，種植面積將近 400 公頃，所以官田、菱角和水雉形成三合一的關係，一談到官田，就想到菱角，就聯想到水雉。菱農初夏開始在水田種下菱苗，炎夏菱田遍布，菱盤穩固紮實後，吸引「菱角鳥」在菱田裡生殖繁衍下一代，菱角秋收時，「菱角鳥」配合的剛剛好，結束重要的生兒育女戲碼，菱角和「菱角鳥」的故事，每年都在官田上演。

水雉的雕塑意象、照片圖畫在官田機關、學校、廟宇、街

說明 21：「吃菱角，助水雉」，菱田種植面積愈多，水雉棲地愈大，更有利於繁殖。

說明 22：官田區公所兩層樓高，諾大的水雉陪伴菱農採菱角的馬賽克拼貼生動寫實。

說明 23：水雉生態教育園區入口的水雉全生態大型鐵雕，有著幾分美感。

頭、高牆、路口，四處可見。水雉生態教育園區入口的水雉全生態大型鐵雕；官田區公所兩層樓高，諾大的水雉陪伴菱農採菱角的寫實馬賽克拼貼；官田圖書館窗戶玻璃，大面積的彩色水雉飛翔照片；官田國中校門口水雉與菱角合體的鏤空鐵鑄意象作品；官田里主祠神農大帝的慈聖宮整面牆壁書寫菱角水雉對聯，彩繪菱農採菱及水雉在菱田育雛的生動畫面；廟宇廣場前的民宅，一層樓高的牆壁畫了一幅大型的水雉、菱角田的作品，菱農高舉菱角、豐收喜悅的表情，洋溢在壁畫中。

菱角產業活動在官田已成為特殊的產業文化，官田區公所每年舉辦的菱角產業文化節，除了帶動菱角的買氣外，透過研發的菱角吊飾、菱角風車、菱角公仔的設計，親子彩繪 DIY、菱角排骨湯免費品嘗，促銷新鮮菱角、菱角酥等產品，極力推動產業及觀光休閒農業。

在臺南市農業局、水雉生態教育園區、民間保育團體及慈心基金會的努力下，實施不灑農藥合約計畫，讓水雉度冬區的菱農持續加入，以友善農法生產菱角，也希望民眾踴躍購買有綠色保育標章的菱角，協助水雉復育。2010 年起，慈心基金會推出綠保標章，補助農民以友善農法，生產菱角及水稻，致力維護健康完整的生態系統，藉由消費者的支持，讓參加綠保計畫的友善小農收入能穩定增加，也幫助了水雉的復育。冬季的水稻田採行無農藥的非慣行農業，水雉及棲地的鳥類度冬時

說明 24：支持綠保計畫友善小農生產的稻米，也幫助了水雉的復育。

有了安全的庇護所，形成一個良性循環、永續發展的農業生態系統。

第三節　水雉生態教育園區與教育文化

壹、水雉生態教育園區

1990 年起，臺灣西部高速鐵路興建，其中一段通過臺南市官田區 (舊臺南縣官田鄉) 葫蘆埤，這裡是臺南水雉重要的棲地。經過地方政府及環保團體與高鐵公司長期溝通及環境影

說明 25：水雉生態教育園區佔地 15 公頃，植物生長茂盛，生態群相豐富。

響評估後決議，在 2000 年由農委會、臺南縣政府及臺灣高鐵公司，共同出資向臺灣糖業公司租用位於西庄 15 公頃的土地，做為水雉復育用地，這是臺灣少數異地復育的案例。園區草創時叫做「官田水雉復育區」，2007 年改名為「水雉生態教育園區」。

園區規畫為兩個區，一個是可供一般民眾觀賞的開放區，一個是不對外開放的核心區。園區的工作人員華路藍縷，從做中摸索，挖了許多個水塘，引進嘉南大圳的水，開始種植菱角、芡實、齒葉睡蓮、印度杏菜等水生植物，整建成適合水雉的環境。從 2000 年開始，2 雌 3 雄共 5 隻水雉來到園區繁殖，築了 4 巢，產下 15 顆蛋，孵出 5 隻雛鳥，有 4 隻順利長大，到 2013 年最高峰時，34 雌 89 雄共 123 隻水雉來到園區繁殖，築了 145 巢，產下 575 顆蛋，孵出 360 隻雛鳥，有 256 隻順利長

表：水雉生態教育園區歷年水雉繁殖成果（資料來源：水雉生態教育園區）

年份（西元年）	成鳥（隻）	巢數（個）	卵數（個）	孵化數（隻）	雛鳥長成數（隻）
2000	5	4	15	5	4
2001	21	27	105	59	46
2002	35	39	142	75	56
2003	53	60	203	109	81
2004	35	44	167	73	54
2005	35	47	185	102	50
2006	45	47	188	105	28
2007	42	42	168	99	56
2008	31	38	152	63	20
2009	40	41	158	101	52
2010	46	55	214	158	103
2011	71	95	383	281	210
2012	91	120	473	346	253
2013	123	145	575	360	256
2014	119	161	614	334	241
2015	117	200	612	259	122
2016	104	145	526	202	113
2017	110	145	526	202	113
2018	101	129	425	148	90

大。之後每年都維持 100 隻以上的水雉到園區繁殖，可謂成果顯著。

園區遍植林木，並有生態教育池供學校學生、親子或志工種植菱角及水生植物，做為教育推廣用；幾座賞鳥亭、圍籬都盡量運用木材、竹子等自然素材，減少人工化的建築。

從賞鳥亭的觀察孔，一年四季都可以輕鬆的欣賞水雉輕柔的漫步在菱葉間，以嘴喙不緩不急的輕啄菱葉上的小蟲等種種生態行為。除了水雉豐富的生態外，紅冠水雞、小鸊鷉也會利用園區的水塘繁殖；秋冬時，大白鷺、中白鷺、蒼鷺、紫鷺、池鷺年年報到；雁鴨科的小水鴨、赤頸鴨、尖尾鴨、琵嘴鴨、

說明 26：水雉繁殖季和冬候鳥季時，吸引遊客在木造的賞鳥亭賞鳥。

白眉鴨、花嘴鴨幾乎隨時都能輕易的觀察到，連不易見到的紅頭潛鴨、青頭潛鴨、羅文鴨、巴鴨也能發現，小型的鷸鴴科水鳥也會利用園區短暫停留；幾百隻高蹺鴴群聚在水塘，同時起飛時，聲勢浩大，尖銳的鳴叫聲振耳欲聾；迷鳥級的棉鴨、白眉秧雞吸引賞鳥人整日守候。陸鳥更是利用園區遍植的的林木、適宜的環境、豐富的食物，棲息繁殖，白頭翁、綠繡眼、紅鳩、珠頸斑鳩每年都能發現好幾巢；春夏時環頸雉在園區四周的田裡鳴叫；鳳頭蒼鷹、紫綬帶、黃鸝、朱鸝、翠翼鳩、噪鵑等，在不經意間，突然出現在眼前。

水雉生態教育園區可說是南臺灣五星級的賞鳥樂園，春夏

說明 27：冬日時，幾百隻高蹺鴴群聚在水塘，同時起飛時，聲勢浩大。

圖 28：難得出現的迷鳥白眉秧雞，吸引賞鳥人整日守候。

水雉繁殖季完整的生命故事，秋冬時節度冬的候鳥佔滿整個水塘，偶爾造訪的稀有鳥種帶來驚喜，就算是颱風、下雨、酷夏、嚴冬，也能在木造賞鳥亭自在輕鬆的賞鳥。

賞鳥時間：全年。四月至九月水雉繁殖生態季，九月至隔年三月冬候鳥季

代表鳥種：水雉

稀有鳥種：黃鸝、朱鸝、八色鳥、紫綬帶、噪鵑、青頭潛鴨、紅頭潛鴨、羅文鴨、 巴鴨、棉鴨、白眉秧雞。

常見鳥種：環頸雉、鳳頭蒼鷹、黑翅鳶、紅鳩、珠頸斑鳩、番鵑、夜鷹、小雨燕、翠鳥、小啄木、棕背伯勞、紅尾伯勞、大卷尾、黑枕藍鶲、樹鵲、喜鵲、小雲雀、棕沙燕、洋燕、家燕、赤腰燕、白頭翁、褐頭鷦鶯、灰頭鷦鶯、綠繡眼、白尾八哥、家八哥、白鶺鴒、東方黃鶺鴒、黑臉鵐、麻雀、斑文鳥、白喉文鳥、赤頸鴨、花嘴鴨、琵嘴鴨、尖尾鴨、白眉鴨、小水鴨、小鸊鷉、黃小鷺、栗小鷺、蒼鷺、紫鷺、大白鷺、中白鷺、小白鷺、黃頭鷺、夜鷺、埃及聖䴉、白腹秧雞、紅冠水雞、白冠雞、高蹺鴴、太平洋金斑鴴、小辮鴴、彩鷸、磯鷸、青足鷸、小青足鷸、鷹斑鷸、赤足鷸、尖尾濱鷸、長趾濱鷸、紅胸濱鷸、田鷸。

貳、水雉教育文化推廣

水雉教育生態園區除了水雉的保育、復育外，也肩負起教育文化的推動。每年超過 2 萬人的參訪人數，透過園區完整的水雉生態解說牌及假日解說志工的望遠鏡實地觀察解說，達到生態參觀寓教於樂的功效；每年招募訓練約 20 位志工，並結合臺積電志工團，投入園區的生態解說及棲地管理；聯結附近國中小的生態教育課程，推廣保育觀念，如：2019 年 4 月臺積電志工帶領官田區渡拔國小三～六年級的學童，在園區內認識繁殖鳥，包括不要靠近鳥巢、不要驚擾到親鳥及雛鳥、不要

說明 29：臺南市北門區錦湖國小師生，到園區實施環境教育課程。

撿拾雛鳥等活動；官田國中的學生到園區協助棲地水生植物的種植、棲地的整理，以及寒假輔導課在園區連續 3 天的環境教育課程；也讓外區的學校到園區做校外教學，如 2017 年 6 月臺南市北門區錦湖國小師生到水雉教育園區實施環境教育課程；外縣市的學校也到園區進行教育活動，如：嘉義市垂楊國小學童每學期到園區進行環境教育及棲地服務。更把觸角延伸到高中、大學，如：2019 年嘉南藥理大學生科系生物資源學程學生，到園區進行環境保育與友善耕作教育課程。

園區的經營團隊主動把觸角往外延伸園區外，包括到官田的國中小進行到校宣導或是生態季設計的環境小遊戲，把保育

說明 30：園區主辦的水雉生態保育季，以水雉和菱角為主題，設計水雉繁殖生態闖關遊戲。

的種子種在學生心田；2018 年度與新營獨立書店——曬書店合作，辦理講座，從影像、公民科學及友善環境耕作這三個面向來討論水雉保育的議題，包含水雉的一生、牠們所面臨的環境危機與人和生物之間怎麼共處等課題。2019 年起與臺南市政府農業局合作水雉保育宣導，開放水雉生態講座課程申請，到臺南市中小學推動水雉生態保育課程。

每年在菱角採收期，園區主辦的水雉生態保育季，以水雉和菱角為主題，傳達保育水雉從友善農法的菱角田開始，舉辦剝菱角比賽、生態闖關遊戲、水雉畫作公益拍賣、農業綠市集、賞鳥定點解說、水雉生態解說及環境生態課程，實用又富美感

說明 31：實用又富美感的水雉雨傘限量義賣，短時間就被搶購一空。

的水雉雨傘限量義賣活動等，對教育文化工作有所貢獻。

參、繪本童書

官田區官田國小出版「小水雉的超級奶爸」繪本及電子書，描述水雉從長出漂亮的夏羽、配對、水雉媽媽生蛋、水雉爸爸辛苦地孵蛋、帶雛、教小水雉如何躲避天敵、避免吃到農藥，雛鳥歷經 8 週後終於長大成幼鳥。書中把水雉爸爸不眠不休照顧小水雉的一連串生態行為，透過生動的文字，寫實的圖畫，清楚的描繪出來；繪本中並把水雉生態教育園區成立的緣由、水雉與官田菱田相依為命的特殊情感，以感性的手法呈獻在讀者的眼前。

大內區二溪國小的「小水雉的迷途旅行」，由台積電贊助出版，歷經水雉生態教育園區前後兩位主任、二溪國小保育社學童 5 年的成長淬鍊，以水雉成長的生態故事出發，描繪水雉爸爸辛苦照顧雛鳥，雛鳥慢慢長大，獨自探索外面的世界，最後迷路到大內區二溪的南瀛天文館，不幸被天敵攻擊受傷，二溪國小學童適時伸出援手，細心照料救治小水雉，並送回水雉生態教育園區，讓小水雉回到合適的環境，得以順利成長。繪本色彩飽滿細膩，畫出水雉雛鳥、幼鳥和成鳥外形主要特徵，對溼地環境的描繪貼切自然，可以看出學童細膩的觀察及感動。

說明 32：二溪國小保育社學童歷經 5 年的繪圖撰稿，完成「小水雉的迷途旅行」繪本。

第四章

黑腹燕鷗

第一節　黑腹燕鷗生態

黑腹燕鷗是屬於普遍過境鳥、普遍冬候鳥，別名黑腹浮鷗、鬚浮鷗。春季時繁殖羽頭、胸、腹是黑色，所以得名「黑腹燕鷗」，濱海的漁民用臺語「黑肚鳥」稱呼牠們。

停留及過境臺灣的時間很長，秋冬春三季十分常見，夏天時的數量較少。分布的範圍極廣，從宜蘭縣蘭陽溪口到屏東縣林邊溪都能輕易發現，連東部的臺東、花蓮的河口、溼地都有

說明 1：黑腹燕鷗在繁殖羽時，頭、胸、腹是黑色，因而得名。

牠們的身影。主要繁殖地在中國東北部、興凱湖附近，秋冬經過中國東南部、南遷至臺灣、中南半島、馬來半島、菲律賓群島、澳大利亞及紐西蘭等地度冬。

黑腹燕鷗在臺南最容易出現的溼地包括學甲溼地的急水溼河床，北門雙春附近魚塭，三寮灣水田，將軍溪口，七股頂山溼地，及吸引最多遊客觀賞的北門潟湖。

壹、學甲溼地

每年 11 月到隔年 2 月，學甲溼地急水溪河床退潮時，灘地會聚集上千隻的黑腹燕鷗。停留在這裡匯集成群的候鳥，除了黑腹燕鷗外還有黑面琵鷺、反嘴鴴、紅嘴鷗、裏海燕鷗等，加起來的數目有時會超過 2000 隻。這幾種鳥往往壁壘分明的

說明 2：上千隻的黑腹燕鷗停在退潮的河灘地上休息，河床的另一邊還有紅嘴鷗、裏海燕鷗等水鳥。

佔領一大片灘地，井水不犯河水，各自活動。黑腹燕鷗在河床灘地大部分的時間都在休息，只有少數幾隻隨著裏海燕鷗在水面上低飛抓魚吃。遇到較大的驚擾時，2,000 隻鳥同時起飛，遮天蔽日，唧喳啁啾和著嘔啞嘎然的叫聲，震耳欲聾。鳥群各自在空中飛繞幾圈，又秩序井然的降落在原先休息的地方。

貳、北門雙春附近魚塭

晚秋到隔年春天，北門雙春附近的魚塭聚集的水鳥眾多，數量以黑腹燕鷗及紅嘴鷗最多。黑腹燕鷗休息時會停在魚塭的水車、膠筏、岸邊豎立的竹竿，路邊的電線上，或成群的停在沒有水的魚塭泥地上，覓食時從空中俯衝水面，畫了個半弧，用嘴喙掠取小蝦小魚。中午過後，魚塭定時噴出粒狀飼料，餵養水裡的虱目魚，數量多到數不清的黑腹燕鷗群，像是獲得即時訊息般，從四面八方聚集而來，不抓魚蝦吃，改吃更容易到手的飼料。俯衝時很有秩序的一隻接著一隻，輕輕地接觸水面時嘴裡馬上啣了一粒飼料，起身往上飛的同時，即刻把飼料吞下，在空中繞了一圈，重新排隊繼續俯衝入水，此起彼落，從不間斷。紅嘴鷗體型較大，俯衝的靈活度不高，索性漂浮在水面，用啄的方式一粒一粒的吃起飼料來。魚塭的主人看到鳥群數量太多時，偶爾會放沖天炮來趕鳥，群鳥被突來的巨響嚇得四處飛，暫時飛到隔壁的魚塭，但沒幾分鐘，鳥群又陸續飛回

說明 3：黑腹燕鷗從空中俯衝水面，用嘴喙掠取粒狀的飼料。

說明 4：咬到飼料後會在空中吞食，再重新加入俯衝的隊伍。

來，這樣的畫面一天要上演好多次。春末夏初，紅嘴鷗早已北返離開臺灣，但過境時身上明顯有黑白兩色繁殖羽的白翅黑燕鷗頂起紅嘴鷗的缺，和黑腹燕鷗繼續上演偷飼料吃的戲碼，一直到五月底，數量明顯變少，偷吃飼料的畫面總算結束。

參、北門三寮灣水田

三寮灣水田從夏天開始，農人開始蓄水，水裡滋生蠕蟲、螺及魚蝦，過境及度冬的水鳥年年在這個時節來到這個豐饒的食物餐廳覓食。黑腹燕鷗自然不會放過這麼好的機會，上百隻

說明 5：黑腹燕鷗抓到一隻蝦，在空中無法吞下，降落在水田慢慢調整蝦的角度，再吞食。

佔領較淺的水田，從空中俯衝抓魚蝦是每天最重要的功課，抓到魚蝦如果太大隻，在空中無法即時吞下，就會站立水田慢慢調整魚蝦的角度，再吞食。吃飽了的黑腹燕鷗會在田埂休息，田埂上除了黑腹燕鷗，還有高蹺鴴、青足鷸、小青足鷸等水鳥，把窄窄的田埂擠得水洩不通，太擁擠時有些鳥都快要被擠出田埂掉進水裡了。三寮灣農田的黑腹燕鷗通常待到九月底水快乾時就離開，改飛到附近的魚塭或溼地覓食休息。

肆、將軍溪口

將軍溪口豎立了一些漁人網罟用的長長短短桿子，筆直的插入水裡，每年十月到隔年三月黑腹燕鷗成群結隊的在溪口及附近的魚塭捕食小魚蝦，咬到比較大隻的魚蝦時會停在桿子上慢慢吞食；飛累了也會選擇適合站立的桿子，停在上面休息，漁人偶爾駕著膠筏經過，幾百隻黑腹燕鷗受到驚嚇起飛，在空中群飛幾圈，等膠筏遠離，每隻鳥各憑本事佔據突出水面的桿子，慢來的鳥會用俯衝的方式想驅趕已經在桿子站穩的鳥，已經站立的黑腹燕鷗不甘示弱的張嘴鳴叫抵抗，想找立椎之地的鳥毫不放棄，繞了一圈，再俯衝一次，受不了騷擾的鳥有時會飛離，幾經爭奪，桿子上的鳥如洗牌似的換了好幾輪。

說明 6：成群的黑腹燕鷗起飛，數量有好幾百隻。

說明 7：黑腹燕鷗會驅趕已經在桿子站穩的鳥，已經站立的也不甘示弱的張嘴鳴叫抵抗。

伍、七股頂山溼地

七股頂山溼地大片的鹽田灘地是水鳥的天堂。臨賞鳥亭道路兩側的灘地面積遼闊，各有幾十公頃，每年十月到隔年三月，水位降低，露出的灘地最適合黑腹燕鷗停棲。十月時停在這裡的黑腹燕鷗大部分都是全身灰白的冬羽羽色，只有少數還沒完全轉冬羽的個體，腹部仍有些黑色斑塊。上千隻黑腹燕鷗停在離馬路約 200 公尺的灘地休息，幾隻不想睡的會在鳥群站立的縫裡走來走去，偶爾還會用嘴啄一下休息的鳥，像是糾察隊般檢查大伙兒是不是都睡著了。這群黑腹燕鷗很容易被驚醒，常常無預警的就起飛，上千隻鳥同時起飛頗有氣勢，配上牠們「嘎啊～嘎啊～」振耳欲聾的狂叫，真令人震懾。一大群鳥先在空中分散式的亂飛，幾秒鐘後逐漸找到隊形和節奏，匯合成一面長形的絲布，白色的腹部和銀灰的背部輪流翻滾，有時離水面不超過半公尺，有時飛在紅樹林頂端十幾公尺，從溼

圖 8：上千隻鳥同時起飛頗有氣勢，加上振耳欲聾的狂叫，令人震懾。

地的南邊飛到北邊，再從北邊飛回南邊，移動的距離莫約 500 公尺遠，飛了幾次後，又降落在原本停棲的灘地，分散在兩側的鳥，用快走的方式往鳥群的中央移動，再度形成密集的休息隊形。

✎ 黑腹燕鷗　小檔案

- 體長 23-29cm
- 鷗科
- 學名：*Chlidonias hybrida*
- 英文名：Whiskered Tern
- 別名：黑腹浮鷗、鬚浮鷗、臺語名「黑肚鳥」
- 遷留狀態： 普遍過境鳥、普遍冬候鳥

外形特徵：

雌雄同型。腳有蹼，暗紅色，停棲時翼尖超過尾羽。繁殖羽嘴暗紅色，眼以下、頸至喉為白色；眼以上黑色，頭頂油亮黑；前胸灰黑色，腹黑色，體背暗灰色。非繁殖羽嘴黑色，頭上白色、有黑色細斑，眼後到後頸有黑斑塊；背羽銀灰色，腹白色。

生態行為：

常小群至大群出現在河口、沙洲、魚塭、水田、廢棄鹽田，全年均可見。覓食時會來回低飛，俯衝水中或輕掠水面以嘴啣住小魚蝦。每年十月中至十二月，臺南市北門潟湖，黃昏時有上萬隻在空中集結盤旋，再迅速降臨海面，停在蚵架前會整群左右飄移，在夕陽的襯映下場面優美壯觀。

第二節　黑腹燕鷗與北門潟湖

每年九月底到十一月是北門潟湖賞黑腹燕鷗最好的季節。傍晚時分，成千上萬隻黑腹燕鷗從北門附近的水田、魚塭、河口溼地覓食結束，紛紛聚集到北門潟湖，在空中、海面、蚵架上，展開一場驚心動魄的精彩大戲，鳥群從聚合、龍捲風飛舞、鳥群再加入、傾洩而下形成一堵移動的高牆，最後分散站立在蚵架上。

一、聚合：接近黃昏時一群群黑腹燕鷗從四面八方飛到潟湖上空，距離太陽落入海平面還有二十分鐘，鳥群在離水面100公尺的高度逐漸匯集，形成幾個小集團，數量已有幾千隻，幾個小集團又慢慢會合，形成一個大集團。

二、龍捲風飛舞：形成大集團的黑腹燕鷗在東北季風的吹襲助長之下，開始如龍捲風狀在潟湖上空前後左右飄移，有時往前移動到距堤防很近，引起遊客的驚呼，有時飄到好遠的西邊沙洲附近，看起來就像一群飛舞的蚊子。正當專注欣賞前方

說明 9：黃昏時，黑腹燕鷗在離水面 100 公尺的高度逐漸匯集，形成幾個分散的小集團。

說明 10：鳥群迅速的往大集團飛，一下子就鑽進黑壓壓的龍捲風集團。

龍捲風飄動時，一小群一小群的黑腹燕鷗像風一樣從耳際呼嘯而過，這些鳥群迅速的往大集團飛，一下子就鑽進黑壓壓的龍捲風集團。從臺 61 線東側不斷有黑腹燕鷗群越過高架橋，飛過魚塭上空，加入大集團，這龍捲風逐漸往外擴張，越來越膨大，數量已經超過萬隻，幾乎遮天蔽日。

三、傾洩而下：太陽漸漸西下，陽光轉弱，天空的雲彩泛起紅黃橙漸層的色澤，海面倒映著金黃粼粼波光，當火紅的太陽即將落入地平線時，龍捲風群飄移到海面蚵架的正中央，風馳電掣如一縷瀑布般傾洩而下，先頭部隊就要墜入海面的剎那，矯健的 90 度急轉彎，沿著蚵架上方向前飛馳。

四、飄移的高牆：領頭的那群黑腹燕鷗，像是在腦子輸入飛行程式，極巧妙靈活的帶領鳥群穿梭在蚵架與蚵架間平行的空隙，在快要迎面撞擊垂直的蚵架時，領頭的燕鷗群，霎時 180 度迴轉，和原來的鷗群前後重疊，形成一堵飄移的高牆。

五、盤旋飛舞：飄移的高牆來回逡巡幾次後，先頭部隊突然往上飄移，整群飛鳥在火紅的太陽、雲彩霞光、遠方小丘前如波浪般起伏盤旋飛舞，不到一分鐘後再度落下，繼續像高牆移動般在蚵架間來來回回。

六、分散站立：幾分鐘後高牆逐漸從厚實到分開，再到潰散。黑腹燕鷗各自找到今晚的棲身之所，陸陸續續停在蚵架上，準備度過漫漫長夜，一場醉人的萬鳥齊飛之舞，就在夜幕

說明 11：黑腹燕鷗形成的龍捲風集團，風馳電掣如一縷瀑布般頃洩而下。

說明 12：穿梭在蚵架與蚵架間平行空隙的黑腹燕鷗群，就如同一面移動的高牆。

說明 13：整群飛鳥在夕陽下，如波浪般起伏盤旋飛舞。

說明 14：黑腹燕鷗各自找到今晚的棲身之所，陸陸續續停在蚵架上，準備度過漫漫長夜。

說明 15：黃昏時，吸引不少人潮在堤防上觀賞前所未見的飛鳥奇觀。

上升中逐漸模糊結束。

北門潟湖黑腹燕鷗黃昏群飛的場景每年都會上演，數量多寡並不一致，少則幾千隻，多則超過三萬隻。每天隨著潮汐變化，場景也不同，運氣好時可以欣賞到絕美的落日、雲彩、沙丘、蚵架、飛鳥和海面組合的六景。雲嘉南濱海國家風景區管理處適時舉辦「黑腹燕鷗季」，每個週末假日都有生態解說，吸引不少人潮在堤防上觀賞這前所未見的飛鳥奇觀。

第三節　黑腹燕鷗與國小繪本故事及在地文學

壹、黑腹燕鷗與國小繪本故事

距離七股潟湖最近的北門區三慈國小「戀戀三寮灣」繪本，畫出夏秋時節在三寮灣水田覓食的各種水鳥，再把北門黑腹燕鷗黃昏之舞的畫面融入這本家鄉繪本中。帶領讀者到秘密基地欣賞潟湖美景，並彩繪出潟湖的夕陽、沙丘、黑腹燕鷗盤旋飛舞、停在蚵架上的美景，可以看出兒童對黑腹燕鷗的細心觀察。繪本有趣的畫風，配上簡要精確文字，是最好的環境生態和鄉土教育的教材。

將軍區將軍國小學童繪製「將軍溪的訪客」繪本，以在地留鳥珠頸斑鳩和從遙遠北方來的冬候鳥黑腹燕鷗之間的互動，

說明 16：「戀戀三寮灣」繪本，把北門黑腹燕鷗黃昏之舞的畫面融入書中。

說明 17：「將軍溪的訪客」繪本，以珠頸斑鳩和黑腹燕鷗間的互動，畫出將軍溪幾十年來環境的變化。

以及將軍溪幾十年來環境的變化，用生動有趣的文字和圖畫表現出來。從故事中讓學童了解家鄉歷史文化的變遷，並介紹海茄苳、水筆仔、寄居蟹、招潮蟹、彈塗魚、小白鷺、珠頸斑鳩和黑腹燕鷗，也敘述河川從清澈到汙染，再到整治的過程生物群相的改變，並把留鳥和候鳥繁殖和遷徙的差異用圖畫式加以比較。書後並有鳥類外觀特徵的解說，甚為詳細。

貳、黑腹燕鷗在地文學

臺南鳥類相關文學創作多元，以黑腹燕鷗為題材的作品最為著名。

北門井仔腳瓦盤鹽田，臺語詩「鹽埕詩路」文學步道，當地著名文史家兼臺語詩人黃文博創作的《渡鳥戀歌——烏肚鳥仔南渡八帖》以黑腹燕鷗的臺語詩詞及生態照片分列於賞黑腹燕鷗的潟湖步道上，為井仔腳鹽田、北門潟湖營造另類文學風景。八帖詩為「南渡、天光、討食、迌迌、暗頭、舞臺、過暝、歸鄉」，道出黑腹燕鷗在南遷來北門潟湖度冬，從天剛亮四處覓食，到黃昏時回到北門潟湖群舞後停在蚵架，直到隔年春季北返。詩作兼具深刻的生態觀察及豐富的文學價值。井仔腳鹽鄉民宿的臺語詩步道也有「白翎鷥（白鷺鷥）、烏肚鳥仔（黑腹燕鷗）、躼跤鳥仔（高蹺鴴）」等多首在地臺語鳥詩作，刻於大理石上，來賞黑腹燕鷗的遊客也常於此逗留，欣賞詩作。

第五章

喜鵲

第一節　臺南喜鵲的歷史

喜鵲適應能力很強，在全球的分布很廣，無論丘陵、平原、荒野、農田、郊區、城市都能看到牠們的身影。除中、南美洲與大洋洲外，幾乎遍布世界各大陸。

據史書紀載，臺灣原本沒有喜鵲，臺灣（今臺南）府知府蔣元樞在 1775 年，從中國引進數百隻來臺野放，這些喜鵲適應臺灣的氣候環境，經過二百多年的生息繁衍，如今已遍布臺灣各地，可以稱喜鵲為歸化種。臺語把牠稱為「客鳥」，原因是牠的叫聲「喀～喀～喀～」，另一種說法是因為喜鵲是外來種，來者是客，所以稱為「客鳥」。

說明 1：2005 年臺南市政府舉辦市鳥投票選拔，喜鵲以最高票當選臺南市鳥。

臺南與喜鵲的歷史淵源久遠，喜鵲在兩百年前在臺南落地生根，再逐漸將勢力往外擴散，可以說臺南是喜鵲在臺灣的故鄉。2005 年臺南市政府舉辦市鳥投票選拔，喜鵲以最高票當選臺南市鳥，除了喜鵲的外形討喜外，歷史情感因素也是原因之一。

自古以來，世人對喜鵲的愛惡有南北的差異。宋·彭乘《墨客揮犀》卷二：「北人喜鴉聲而惡鵲聲，南人喜鵲聲而惡鴉聲。」是說：北方人喜愛烏鴉的叫聲，認為烏鴉的叫聲是吉祥幸運的象徵，而喜鵲的叫聲是不吉利的；南方人則喜愛喜鵲的叫聲，認為喜鵲的叫聲是吉祥福氣的象徵，烏鴉的叫聲是不吉利的。但另外的說法是中國的文化是喜愛喜鵲的，如中國的民間傳說中，每年七夕的那一天，所有的喜鵲會飛上天河，搭起一條鵲橋，讓淒美愛情故事的男女主角牛郎和織女相會，鵲橋常常成為男女情緣的依託。喜鵲的鳥名有一個「喜」字，自然得到更多的關愛。

第二節　喜鵲生態

喜鵲在臺南分布範圍很廣，幾乎到處都有，牠的外形特徵、生態行為值得細細觀察：

一、飛行。喜鵲飛行時是屬於大波浪形的飛行方式，由於體型大，振翅的振幅也大，擺動翅膀時顯得結實有力。飛行中可以看見背部白色肩羽形成一個 V 形；從腹面看，腹部及初級飛羽白色，和頭、胸、內側覆羽及深黑的尾羽，形成強烈的對比，在藍天的襯映下，有著黑、白、藍三色簡潔的美，就算只是驚鴻一瞥，也容易辨識。

說明 2：喜鵲的黑白兩色對比明顯，容易和其他鳥種區分。

二、覓食。喜鵲嘴喙粗厚有力，是雜食性鳥類，食物的種類甚多，包括昆蟲、昆蟲幼蟲、瓜果、植物的種子、草本植物的根，也會捕食松鼠、老鼠、蜥蜴等兩棲類、以及小型鳥類，連其他鳥類的蛋及幼雛也不放過，也會吃動物的腐屍、或翻找人類丟棄的垃圾、廚餘。常看牠們像是穿上黑色禮服的紳士，抬頭挺胸、趾高氣昂的在校園、公園、農田慢慢踱步翻找食物，進食時會把大一些的植物種子或獵物用腳爪壓住，再一口一口慢慢咬開吞食；在地面覓食時，常有一隻會站在高處守衛，遇危險時會發出聲音警告同伴。

說明 3：這隻喜鵲咬著一顆鳥蛋，準備飛到田邊享用。

三、鳴叫。喜鵲是屬於鴉科的鳥種，臺灣常見的鴉科鳥種還有巨嘴鴉、星鴉、樹鵲等，叫聲都是低沈嘈雜，並不悅耳，喜鵲會發出單調粗啞的「洽嘎～洽嘎～洽嘎～」或是單音節「喀～喀～喀～」聲，有時邊飛邊鳴叫，一大群一起鳴叫時，

說明 4：這隻喜鵲一大早就在巢位旁的最高點鳴叫，宣示領域。

聲音宏亮吵雜；繁殖期會在巢位旁鳴叫，宣示領域。

四、繁殖。喜鵲的繁殖甚早，當其他鳥都還在度冬時，牠們就開始啣枝築巢，每年 11 月到隔年 4 月是牠主要的繁殖季。巢位通常選擇在 10 公尺以上高大的樹冠層靠近末梢的分叉處，也會築巢在高壓電塔的鐵架頂端、大型看版、廟宇、建築物的屋脊上。築巢樹種的選擇廣泛，包括大王椰子、南洋杉、黑板樹、木棉樹、桃花心木、木麻黃等。

巢材以樹枝為主、有時會啣鐵絲、衣架、繩索當主要巢材，巢中會墊樹葉、枯草、苔蘚、纖維、羽毛等較柔軟的材料，巢

說明 5：在大王椰子樹上築巢的一對喜鵲，不停的補充巢材。

呈圓形，比籃球還大，出入口在巢的側面，可以防風雨及防禦天敵。如果巢的位置理想，隔年會持續使用舊巢，巢的體積越來越龐大，有的直徑達 100 公分，築新巢時也會使用舊巢的巢材。

每巢約 4 ～ 5 個蛋，一年可繁殖兩巢。卵淡青色，蛋殼上有褐色斑點，孵化期約 18 天，雄雌鳥共同育雛，約 30 天離巢，離巢後，還會在巢外餵食一段時間，讓幼鳥學習覓食及飛行技巧，剛學飛的幼鳥有時落在草地或馬路，而被當成落巢鳥撿拾餵養，其實親鳥就在旁邊，人為餵養反而害了牠們。

說明 6：這棵樹是木棉樹，剛離巢的幼鳥在巢外等著親鳥餵食。

說明 7：學飛中的幼鳥掉落在草地上，親鳥緊張的在附近的樹上激切的鳴叫。

五、驅敵。配對後開始築巢的喜鵲有很強的領域性，會站在樹的最頂端鳴叫警戒，趕走侵入領域範圍內的其他鳥；遇別的喜鵲在巢位附近則加以驅離，就算只是從空中經過，也會展開激烈的追逐，追逐的範圍很大，常常追了好幾百公尺，確定入侵者遠離才安心飛回巢位。

說明 8：配對後開始築巢的喜鵲有很強的領域性，會站立在樹的最頂端警戒。

六、洗澡。鳥類洗澡除了讓身體涼快外，主要的目的是除去身上的寄生蟲及羽毛上的灰塵。喜鵲洗澡並不需要很深的水，只要能達到沾溼身體，哪怕只是田裡一小窪的水，都能讓牠們洗得水花四濺，不亦樂乎。

說明 9：喜鵲洗澡洗得水花四濺，連頭都浸泡在水裡。

說明 10：田裡一小窪的水，讓一群喜鵲輪流洗澡。

說明11：非繁殖期，喜鵲會成小群一起覓食，達到共同警戒、共同驅敵的目的。

說明12：農田也是喜鵲喜愛的棲地，常在剛犁過的田找蟲吃。

七、群聚。非繁殖期，喜鵲會在農耕地、公園空曠處成小群活動，除了集體覓食容易找到食物外，群聚的聲勢浩大，可以增加安全感，達到共同警戒、共同驅敵的目的。

八、棲地。有人類活動的地方，往往就能發現喜鵲，人為的活動可以帶來食物，吸引喜鵲前來覓食。常成對或成小群活動，有時混群在黃頭鷺裡面，跟在耕耘機的後面，吃農田剛犁過出現的蟲；公園、學校大樹的落果，以及落葉堆裡的蟲，也是牠們食物的來源，夜間則棲息在高大樹木的頂端。

第三節　灰喜鵲

灰喜鵲是中等體型的鴉科鳥類，體長不到 40 公分，比起另一種城市中常見同科的喜鵲，體型明顯小很多，並且看起來較修長。分布的區域是中國東北、華北及華東等地。

灰喜鵲在 1994 年起在臺灣有野外紀錄，是屬於從中國來的外來種，研判可能是放生鳥或籠中逸鳥。生態行為與喜鵲相似，頗能適應城市的環境。灰喜鵲活動或飛行時會發出「嘎～唧唧唧～嘎～唧～」尾音拉長的清脆叫聲。移動時常常是整群移動，數量可以到達幾十隻。

灰喜鵲目前主要活動於安平區，最容易發現的地點是在林默娘紀念公園附近，常成群活動，撿食遊客丟棄的食物，或在

說明 13：灰喜鵲移動時常常是整群移動，數量可以到達幾十隻。

說明 14：灰喜鵲成鳥頭頂黑色，喉部、胸部、腹部為污白色，翼和尾為天藍色。

說明 15：剛離巢的灰喜鵲幼鳥，頭頂為灰色，還有些絨毛。

落葉堆翻找昆蟲、植物種子。生存活動的範圍有逐漸擴張的跡象，安平區的安平樹屋、安平古堡及四草大橋附近均發現牠們有繁殖的情形；永康區、外縣市也有零星個體發現紀錄。族群數量有增加的趨勢，目前尚未發現對已經歸化臺灣兩百多年的喜鵲生態有何影響。

兩百多年前的喜鵲，從臺南擴散到臺灣各地，灰喜鵲目前也以臺南為根據地，不知未來的族群會有何種變化。

✎ 喜鵲　小檔案

- 體長 46-50 cm
- 鴉科
- 學名：*Pica pica*
- 英文名：Eurasian Magpie
- 別名：烏鵲、客鳥（臺語）
- 遷留狀態：普遍留鳥

外形特徵：

雌雄同型。虹膜褐色，嘴、腳黑色；頭、頸、胸、背黑色；腹及肩頸白色；黑白兩色極為明顯；翅膀及尾羽深藍色，在陽光下有藍色光澤。尾極長，幾乎和身體等長。

生態行為：

常成對或小群活動，出現在平原、農村、公園、學校，甚至連都市也有牠們的身影。雜食性，以昆蟲、蜥蜴、其他小型鳥類或雛鳥、鳥蛋為食，也吃植物的種子。

✎ 灰喜鵲　小檔案

- 體長 36-38 cm
- 鴉科
- 學名：*Cyanopica cyanus*
- 英文名：Azure-winged Magpie
- 別名：山喜鵲
- 遷留狀態：稀有籠中逸鳥

外形特徵：

雌雄同型。虹膜褐色，嘴鉛灰色，腳、頭頂黑色；喉部、胸部、腹部為污白色；肩部、上背為石板灰色，翼和尾為天藍色，羽色變化平緩；尾羽較長，幾乎與身體等長。幼鳥的體色較淡，頭頂有白色的斑點。

生態行為：

常成對或小群活動，出現在低海拔次生林、農村、公園。雜食性，以昆蟲、鱗翅目的幼蟲、蜥蜴等為食，也吃植物的種子。

第六章

鹽田溼地與潟湖

近二、三十年來，臺灣結束曬鹽，臺南沿海大面積的廢棄鹽田形成開闊的水域，這些鹽田有的形成魚塭，有的長滿了海茄苳，更多廣闊的廢棄鹽田形成水塘及泥灘地，讓水鳥有了很好的棲息環境。秋冬時，冬候鳥聚集群飛鹽田灘地及潟湖，展現多樣而熱鬧的水鳥生態，鹽田溼地及潟湖有了意想不到的富麗風情。

說明 1：廢棄鹽田形成水塘及泥灘地，長滿了海茄苳，讓水鳥有了很好的棲息環境。

第一節　北門潟湖及周邊鹽田溼地

北門潟湖位於北門區三寮灣溪出海口至新北港汕之間，大致由離岸沙洲及潟湖構成，潟湖面積廣闊，佈滿養殖牡蠣的蚵架。周圍魚塭，溝渠、廢棄鹽田、草澤、紅樹林等多樣的溼地生態環境，提供水鳥適合的棲地。

潟湖常見駕著小舟的蚵農經過，在銀色水面上畫出一條弧線，退潮時滿佈的蚵棚更是北門潟湖特殊的景觀，沿著潟湖的海堤邊，騎著單車是最能感受水岸風光的方式，秋冬季節來臨時，北門潟湖就成了黑腹燕鷗在落日時分，鋪天蓋地飛舞秀的絕佳舞臺。

潟湖附近的井仔腳鹽田原本就是傳統瓦盤式的鹽田，已有200年的歷史，後來鹽業沒落，鹽田逐漸荒廢。現今井仔腳再以瓦片馬賽克拼貼成一畦畦美麗的瓦盤鹽田，做為觀光用途，提供遊客曬鹽、推鹽、挑鹽、收鹽的體驗，黃昏時彩霞映紅瓦盤鹽田的夕照美景，吸引了絡繹不絕的賞景人潮。愛好攝影的人士，在太陽還高掛時，早早就把三角架、相機固定好，深怕來晚了，沒有理想的拍攝角度，一整排的裝備，沿著紅磚道由北往南延伸，排得快溢出走道，慢來的找不到空隙，有時還得站在第二排。每年十二月三十一日年終歲末時，雲嘉南濱海國家風景區管理處在這裡舉行全臺聞名的井仔腳送夕陽活動，成

說明 2：北門潟湖是黑腹燕鷗在落日時分，鋪天蓋地飛舞秀的絕佳舞臺。

說明 3：井仔腳黃昏時彩霞映紅瓦盤鹽田，是攝影人士最愛的場景。

千上萬的人潮把社區道路擠得水洩不通，匯集在鹽田周圍的遊客用手中的相機或手機捕捉最後一道夕陽美景。

從臺 17 線彎進井仔腳瓦盤鹽田及北門潟湖的南 10 鄉道兩側，魚塭、鹽灘地、次生林、草澤及紅樹林分列其間，營造出鳥類適合居住的的生態環境。這裡在幾十年前大部分都是鹽田，現在形成的灘地，是水鳥很好的棲地。

黑面琵鷺會在三、四月來這裡的廢棄魚塭覓食，停留的時間只有幾天，距離馬路很近，很容易觀察。天剛亮時一群黑面琵鷺和大白鷺、小白鷺在水裡覓食，晨曦的紅倒映在水裡，滿池的水鳥像是浸在金紅的大染缸裡游動，這樣的畫面只維持幾

說明 4：天剛亮時，一群黑面琵鷺和大白鷺、小白鷺在晨曦映紅的水裡覓食。

分鐘，等太陽逐漸上升，水面的紅逐漸變淡、消失，路上來往的人車變多，鳥群四散，飛到離馬路較遠的魚塭地休息。

普遍留鳥小鸊鷉，繁殖季時會在附近廢棄魚塭裡，以蘆葦和水草築一個臉盆大小的巢，巢浮在水面的高度最少有 15 公分高，沈在水底的深度更深，巢上的一隻親鳥孵蛋時還會不時抬起頭左右張望，頰、前頸紅褐色繁殖羽相當顯眼，另一隻也沒閒著，不停潛水咬水草，補充巢材。交接孵蛋工作時，會發出「匹～匹～匹～」拉長尾音的連續聲音相互鳴叫一番，此時可以清楚的看到比茶葉蛋顏色更淺的 4 到 6 個蛋。孵蛋時若遇到危險，親鳥會在幾秒鐘內用嘴喙咬巢上的草，把蛋完全覆蓋，再迅速的潛水離開巢位，以躲避天敵。幾分鐘後，會先在巢旁觀察動靜，等危機完全解除，再回巢把覆蓋的草咬開，繼續孵蛋，整個孵蛋期大約 25 天。雛鳥是屬於早熟型，剛出生的雛鳥就能在巢上活動，親鳥會將雛鳥窩在懷裡，以保持溫暖，雛鳥會爬上親鳥的背，等待另一隻親鳥抓小魚來餵食。育雛初期的 10 天，親鳥會背著雛鳥四處游，雛鳥爭著爬上親鳥的背，像搭船一般，讓爸媽載著游，鳥友稱這種畫面叫「背娃娃」。育雛時親鳥非常賣力的捕食水中的魚蝦，成功率極高，一潛水，浮出水面時，就能啣著一條魚蝦，雛鳥在背上，伸長脖子，張著口接食物，有時魚蝦太大隻，每隻雛鳥都輪流試吞，看誰有本事吞下。雛鳥成長的速度很快，沒幾天就擠不上爸媽

說明 5：小鷿鷈育雛初期，親鳥會背著雛鳥四處游。

說明 6：小鷿鷈打水漂似的在水面快速奔跑，像踩著輕功，連踩幾步才落入水面。

的背，常常在爬擠時滑落水面。育雛期約 6-7 週，幼鳥就能自行潛水抓魚，獨立生活了。

小鸊鷉極少上岸，腳長的位置靠身體後側，雖然走路不穩，但精通游泳和潛水。追逐驅趕同類時，用花瓣狀的蹼，打水漂似的在水面快速奔跑，像踩著輕功，連踩幾步才落入水面。

一隻花嘴鴨帶了 8 隻剛出生不久的小鴨排成一列游過水塘，毛絨絨的小鴨緊跟在親鳥的身後，使勁的游，親鳥不時停下來，轉過身察看小鴨是否跟上才繼續往前游。這片水域寬廣，偶爾有一對花嘴鴨躲藏在蘆葦裡活動，幾天不見，不知何時生了蛋，還成功的孵出。花嘴鴨嘴黑色，先端黃色，最尖端黑色，又叫斑嘴鴨，雌雄羽色相似，是屬於不普遍冬候鳥、不普遍留鳥，平時喜歡棲息於開闊地區的湖泊、河口、魚塭、沼澤及水田等水生植物豐富的地區。主要的食物為植物的莖、葉、種籽，也會吃昆蟲、螺等。築巢在水域岸邊，在全臺各地已有穩定的繁殖族群。

幾對體型纖細的高蹺鴴在廢鹽田的乾涸地上各自生了 4 顆蛋，一對太過於大膽，竟然就把巢築在柏油路旁的碎石子上，從車上伸出頭就能看見淺褐色蛋上不規則的黑色紋路，巢靠馬路這麼近，真令人耽心。已配對的彩鷸原本在水田覓食，受驚擾後半伏著身體，悄悄的越過田埂，隱藏在田埂的另一側。

彎進小路，2 隻東方環頸鴴在東側的灘地快速行走，不時抬頭張望四周的狀況，雄鳥繁殖羽額頂的黑斑塊，相當明顯，雌鳥體色較淡，全身淺褐色，2 隻鳥交叉走過時還會彼此對看幾秒，想必已經配對完成，準備找個適當的地方傳宗接代，這個泥灘地邊緣有一片砂礫地帶，非常適合牠們生蛋繁殖。東方環頸鴴生活在潮間帶、礫石灘地、農地、河口、沙洲、鹽田溼地。冬天時會群聚，與其他鷸鴴科混群。覓食時在泥灘地快速行走，啄食泥地上的昆蟲、蠕蟲、軟體動物。春夏繁殖期會選擇砂礫地啣咬幾顆小碎石，在地上築一個簡單的巢，通常一窩 3 顆蛋，蛋殼與周圍石礫、地面環境顏色極為相似，不易發現。孵卵帶雛遇天敵時，親鳥會有擬傷行為，引誘天敵追捕牠們，

說明 7：東方環頸鴴選擇砂礫地，在地上築一個簡單的巢，生了 3 顆蛋，蛋殼與周圍石礫、地面環境顏色極為相似。

以遠離蛋或雛鳥。雛鳥為早熟性，出生後就會跟著親鳥覓食，遇危險躲在石礫、草叢旁，有極好的保護色。

近百隻反嘴鴴在另一側魚塭，以細長上翹的嘴在水中左右掃動，捕食小魚小蟲，常集體振翅鼓翼往前飛一小段又降落，再繼續覓食，一有干擾，這群反嘴鴴「吱吱～唧唧～吱吱～唧唧～」嘈雜齊叫，頓時起飛，像是一大片黑白相間的絲綢，波浪般的上下左右移動，穿過翠綠的紅樹林，飄盪在藍天裡，來回幾圈後這片黑白絲綢又降在原來的水域。

飛行姿態和黑面琵鷺幾乎一模一樣的埃及聖䴉，黃昏時一小群一小群的降落在廟前的大鹽灘地上，廟前的一群遊客雀躍的大喊：「黑面琵鷺～黑面琵鷺～」，鳥落定時，旁邊有人說

說明 8：反嘴鴴常集體振翅鼓翼往前飛一小段又降落，再繼續覓食。

說明 9：一群埃及聖䴉，黃昏時降落在廟前的大鹽灘地上。

說明 10：春過境時，白翅黑燕鷗、黑腹燕鷗（右），穿梭在綠樹環繞的魚塭上空來來回回抓魚。

是埃及聖䴉，遊客喜悅的表情瞬間轉為失落，發出哀嚎的長嘆聲。井仔腳的埃及聖䴉在秋冬黃昏時會先匯集在泰安宮南側的舊鹽田灘地，數量超過200隻，接近日落時飛到西側長約100公尺，寬約20公尺的「管仔山」過夜。管仔山是略隆起的小土丘，長滿木麻黃和矮灌叢，也是小白鷺、夜鷺的棲息地。隔日清晨，埃及聖䴉飛到附近的農田、溼地覓食，傍晚時再飛回。

每年春季，幾百隻白翅黑燕鷗、黑腹燕鷗，穿梭在綠樹環繞的魚塭上空來來回回抓魚，覓食時輕掠過水面，用嘴啄起小魚蝦，並在空中將魚蝦吞食。此時的白翅黑燕鷗已轉繁殖羽，飛行時黑白分明，在陽光照射下，翅膀和尾羽是透著光的純亮白，身體則像淋上墨汁，黑得發亮，襯著油綠的背景，像一幅色調簡潔的油畫。幾隻嘴黃色的小燕鷗混群在鷗群裡面覓食，小一號的體型及可以短時間懸停注視水面動靜的捕食方式，很容易就能發現牠們和白翅黑燕鷗及黑腹燕鷗的不同。

附近幾個魚塭，下午時自動噴料機啟動，噴出粒狀魚飼料餵養虱目魚和吳郭魚，幾十隻白翅黑燕鷗和黑腹燕鷗呼朋引伴撿現成的美食，和水中的魚群爭搶飼料。高蹺鴴不知是受到啟發，或是本能，竟也試著俯衝水面搶吃，只是飛行技術不夠精良，勉強用尖嘴咬到飼料，但卻跌個踉蹌，差點掉進水裡；大卷尾憑藉著優異的飛行技巧，也想來試試，只是都低空飛過，連邊都沒沾上。

說明 11：白翅黑燕鷗掠過水面，啄了一粒飼料，大小剛好可以邊飛邊吞下。

屬於鹽田溼地的北門潟湖周邊是水鳥的樂園，這裡人為開發少，人為干擾低，次生林、芒草在道路兩旁生長，陸鳥也有可觀之處。2017 年 1 隻戴勝頂著鳳冠狀的羽冠，在鋪上瓦片的步道上遊盪覓食，模樣極為可愛；黑臉鵐喜歡在蘆葦上鳴叫，有時跳到短草地上啄食草籽；褐頭鷦鶯、灰頭鷦鶯，在同一塊田的長草叢裡編了布袋狀的巢，親鳥各自努力捕蟲餵養下一代。體型嬌小的小雨燕張著尖細流線小鐮刀狀的雙翅在高空快速盤繞；體型較大的赤腰燕把叉尾撐到最大，像支張開的大剪刀，在稍低的位置悠雅的來回飛行；正在築巢的家燕，在樹頂小繞圈，明顯的白色腹部連接著極細長的深叉尾，飛行時張開的尾羽常成為半橢圓形；短尾羽的洋燕，憑藉高超靈敏的飛行技巧貼著草地及道路飛，幾乎要撞上迎面而來的汽車，卻又能像裝上雷達般，巧妙的沿著擋風玻璃往上飛；柏油路上百隻棕沙燕總愛佔據整條馬路，非要等車子很靠近時才集體飛走，等車子過了，又停降在原來的馬路上。

井仔腳附近的北門潟湖及溼地，蘊含著豐富的紅樹林景觀及鳥類生態，秋風微涼的北門瓦盤鹽田夕照，以及落日彩雲伴飛鳥的潟湖美景，豈能錯過。不論是體驗先民瓦盤鹽田工作的辛勞，或是健行、自行車漫遊、攝影、從事賞鳥活動，一年四季都有不同的感受。

說明 12：停在路邊啣泥土的家燕，準備到附近人家的屋簷築巢。

最佳賞鳥時間：每年十月到隔年四月

代表鳥種：黑腹燕鷗、高蹺鴴、小鸊鷉

稀有鳥種：黑面琵鷺、白琵鷺、戴勝、花嘴鴨

普遍鳥種：黑翅鳶，紅鳩、珠頸斑鳩、番鵑、夜鷹、小雨燕、翠鳥、棕背伯勞、紅尾伯勞、大卷尾、樹鵲、喜鵲、小雲雀、棕沙燕、洋燕、家燕、赤腰燕、白頭翁、褐頭鷦鶯、灰頭鷦鶯、鵲鴝、黃尾鴝、綠繡眼、白尾八哥、家八哥、黑領椋鳥、灰頭椋鳥、白鶺鴒、東方黃鶺鴒、黑臉鵐、麻雀、斑文鳥、白喉文鳥、小鸊鷉、黃小鷺、栗小鷺、蒼鷺、大白鷺、中白鷺、小白鷺、黃頭鷺、夜鷺、埃及聖䴉、白腹秧雞、紅冠水雞、白冠雞、反嘴鴴、灰斑鴴、太平洋金斑鴴、蒙古鴴、鐵嘴鴴、東方環頸鴴、小環頸鴴、彩鷸、磯鷸、青足鷸、小青足鷸、鷹斑鷸、赤足鷸、翻石鷸、尖尾濱鷸、彎嘴濱鷸、長趾濱鷸、紅胸濱鷸、黑腹濱鷸、田鷸、燕鴴、紅嘴鷗、小燕鷗、裏海燕鷗、白翅黑燕鷗、黑腹燕鷗

第二節　將軍溼地

將軍溼地位於臺 61 快速道路將軍交流道附近，快速道路東側引道為臺南 173 甲道路，道路公里數為 3K-6K，溼地就位於道路東側，面積約 50 公頃，行政區屬於臺南市將軍區，與

七股區頂山溼地隔著南 25-1 舊鄉道。

將軍溼地，屬於內陸型的潟湖，漲退潮的時間比相同緯度的海岸線晚 1 小時左右。漁人利用退潮時在此挖野生文蛤，水鳥會暫時飛離，不久又飛回來，並不影響水鳥的覓食及棲息。將軍溼地是臺南市重要的水鳥過境及度冬地，在臺灣西部濱海能看到的鷸鴴科水鳥，幾乎都能在此發現。連全球瀕危的水鳥，在這裡也能發現。

諾氏鷸估計全球只剩不到二千隻，名列國際自然保護聯盟（IUCN）紅皮書「瀕危」等級，在臺灣也名列一級保育類鳥種，

說明 13：將軍溼地面積約 50 公頃，是屬於內陸型的潟湖。

近二十年來僅在中部二筆、七股一筆過境紀錄，自 2016 年到 2019 年，已經連續四年在將軍溼地度冬，曾出現二隻。諾氏鷸體長約 30 公分，和另一種臺灣常見的青足鷸體型相當，羽色接近，諾氏鷸嘴基厚實寬粗，略帶黃綠色，腳比青足鷸略短、顏色偏黃；吃魚、蝦、螺、蟹，最喜歡吃小蟹，覓食時會站立在灘地觀察泥地裡的螃蟹，等獵物離洞穴略遠，把身體壓低，以百米衝刺的速度追上獵物，用嘴喙夾住後，在淺灘有水的凹處把小蟹洗乾淨，左右甩動，讓蟹腳與身體分離，好整以暇的先把腳一支支吞下，再一口氣吞下身體。

說明 14：諾氏鷸嘴基厚實寬粗，略帶黃綠色。

2019 年 1 月 6 日，一名全世界賞鳥紀錄超過 3,000 種的加拿大鳥友，特地利用從澳洲來臺灣轉機不到一天的時間，南下臺南將軍溼地尋找諾氏鷸，巧遇正在溼地賞鳥的臺南市鳥會潘致遠理事長，在潘理事長的協助下，終於看到賞鳥生涯的第一隻諾氏鷸，心滿意足的北上搭當晚的班機回加拿大。

2018 年 4 月上旬，一位比利時鳥友用單筒望遠鏡在將軍溼地賞鳥，在一群紅胸濱鷸群中找到一隻體型相同，但嘴型是扁平琵琶狀的琵嘴鷸。琵嘴鷸名列全球瀕危物種，每年的調查紀錄都在急速下降，目前族群數量可能剩四百隻，牠們數目減

說明 15：諾氏鷸和青足鷸體型羽色相近，左邊的諾氏鷸嘴及腳都比右邊的青足鷸略黃。

少的主要原因，包括繁殖地及遷徙時過境、度冬棲地的破壞及獵捕。

琵嘴鷸又名勺嘴鷸、匙嘴鷸，體長約 15 公分，有和黑面琵鷺一樣扁平的湯匙狀的琵嘴，因而得名，是已知鷸鴴科裡，數量最少的鳥種，鳥友親暱的幫牠取了「小琵」的小名，看會不會因為叫得親切，像中樂透般，無意間出現。琵嘴鷸出現在河口、沙洲、泥灘地，以琵嘴啄食水面或泥灘地的小生物。夏季時繁殖於西伯利亞凍原地的海岸地區，度冬時飛到東南亞，在臺灣出現的琵嘴鷸，目前的觀察紀錄中，歸類為過境鳥，在臺灣十分罕見，是屬於三級保育類鳥種，近十年來只有零星幾筆紀錄，是否有度冬的個體，還要有長期的觀察紀錄資料。

追求鳥種數的臺灣鳥友，通常會利用琵嘴鷸過境時，到中國江蘇省鹽城溼地觀察，或度冬時到泰國濱海溼地拍攝，花費不少時間和金錢，而且不一定能有好的收穫。也因為全球數量太少，出現在臺灣的機會低，因此將軍溼地的這隻琵嘴鷸消息傳開後，連外國賞鳥人每天都有好幾組人，帶著放大 60 倍的單筒望遠鏡，只為了一睹那 100 公尺外可愛的小琵嘴；全臺鳥友在幾天內蜂湧而至，溼地東側的道路停滿車子，每天超過 50 人在這裡全天守候，多位北部的資深鳥友披星戴月，連夜南下，只求能拍到一大早第一道曙光照在琵嘴鷸身上的光影。鳥友在臉書留下這樣的一段文字：「多少次透過鏡頭，在一大

說明 16：琵嘴鷸有和黑面琵鷺扁平相似的湯匙狀琵嘴，因而得名。

說明 17：全臺鳥友在幾天內蜂湧而至，每天超過 50 人在這裡全天守候。

說明 18：琵嘴鷸（右）和紅胸濱鷸的體型羽色極為接近，差別就在扁平狀的琵嘴與尖嘴。

群的水鳥中尋你，只想見你一面。全球數量只有幾百隻的你，一年南北飛行一萬公里，就落腳在離家十公里的溼地，怎可錯過這次見面的機會。啣著湯匙出生，雖不是金湯匙，卻比金湯匙珍貴。每天來拍你、看你的人群，裝備加一加好幾千萬元。憑著這張特殊、可愛的嘴，飛到哪裡，總惹人疼惜。」這隻琵嘴鷸在將軍溼地前後逗留了兩個星期，從一開始的冬羽，到最後離開前部分轉繁殖羽，為將軍溼地帶來前所未有的賞鳥熱潮。

每年在臺灣出現的鷗科共有 13 種，其中黑嘴鷗全球數量約僅存 10,000 隻，屬於「易危」等級，名列臺灣二級保育的鳥種。黑嘴鷗在臺灣的數量每年約在 100 隻以下，在臺南最穩定的度冬地，就屬將軍溼地。從每年十月到隔年三月，灘地裡常可發現牠的蹤影。剛入冬時黑嘴鷗的冬羽大致為灰白色，和臺灣溼地、魚塭、河口常見的紅嘴鷗冬羽相似，體型比紅嘴鷗略小，等到隔年二月轉繁殖羽時，黑嘴鷗的頭部逐漸變為黑色，不同於紅嘴鷗的深棕色，辨識上就容易多了。一整個冬季，黑嘴鷗都在溼地裡低空環繞，用圓弧式俯衝方式，以嘴喙捕食螃蟹，咬到的蟹，小一點的，在空中直接吞食，大一點的，著陸停在灘地，把獵物的腳甩動分離後，再一一吞食。

體長 40 公分，是鷸鴴科高個子的斑尾鷸，在淺灘來回行走，以略上彎的長嘴不停插入泥裡，挖掘藏在泥地裡的蠕蟲

說明 19：黑嘴鷗繁殖羽頭為黑色，有白色半眼圈。

說明 20：這隻斑尾鷸雄鳥已轉紅褐色的繁殖羽，準備回到接近極地的遙遠北方繁殖。

吃，這裡的斑尾鷸一整個冬季都在溼地找蟲吃，是屬於度冬族群。初春時，轉繁殖羽的雄鳥，頭、頸、胸到腹開始變為紅褐色，雌鳥的繁殖羽紅褐色較淡，還沒轉繁殖羽的體色大致為灰褐色，同一時間地點，可以觀察到斑尾鷸兩種不同的羽色。斑尾鷸繁殖地接近極地，有科學家以衛星發報器追蹤過一隻斑尾鷸以平均每小時 56 公里飛行速度，從南半球度冬的棲地不間斷的飛行 10,205 公里回到繁殖地，這樣的毅力及體力，著實令人感動。

大杓鷸又名白腰杓鷸，體型比斑尾鷸更大，體長約 50 公分，長嘴喙下彎，除了能像斑尾鷸吃蠕蟲外，也愛吃螃蟹。颱

說明 21：每年春過境的三、四月，都有幾隻黦鷸出現在將軍溼地。

鷸又名紅腰杓鷸，不普遍的過境鳥，是鷸科裡體型最大的，常被誤認為大杓鷸，出現在春過境的三、四月，體型、羽色、覓食行為幾乎和大杓鷸完全一樣，黦鷸的腹、腰是淺褐色，大杓鷸的腰是明顯的白色，這兩種大型的鷸在將軍溼地都是單獨或小群出現，覓食時則在溼地裡來來回回走動。

大濱鷸又叫姥鷸，是濱鷸裡的大塊頭，繁殖羽時，胸部黑斑濃密，幾成一條寬帶，體背的紅褐色斑塊是辨識依據；紅腹濱鷸腹部的栗紅色是溼地的亮點，水鳥的羽色大致都是白、灰或褐，難得有一群全轉繁殖羽的紅腹濱鷸整齊的站立在綠藻上，一長排栗紅配整片翠綠，為溼地增色不少。大濱鷸和紅腹濱鷸幾乎同時過境，是屬於不普遍過境鳥，待的時間大約半個月；幾百隻紅胸濱鷸和彎嘴濱鷸身著冬羽轉夏羽之間斑駁的羽色，不停地在淺灘綠藻中啄食，有時又整群小碎步快速走到泥灘地啄泥地的小蟲、蠕蟲。

背紅褐色，頂著白頭的翻石鷸雄鳥，用嘴翻開細流木及小石塊找蟲吃，體羽較淡的雌鳥跟在後頭，除了用嘴翻開石塊、流木外，也在綠藻上尋找甲殼類及小蟲吃，有時把綠藻和溼泥堆得像小土丘，再繞著小土丘翻找食物；頭頂著西瓜皮紋的寬嘴鷸，用尖端像折斷似微下彎的嘴不斷往泥地插啄，享用小

說明 22：轉繁殖羽的紅腹濱鷸腹部是栗紅色，這麼紅的個體是溼地的亮點。

蟹、蠕蟲，以補充體能，為遷徙做準備。鐵嘴鴴和蒙古鴴，有相似的羽色，原本各自走在淺水域覓食，走太近時竟打起架來，互相跳到對方身上又啄又踢，幾分鐘後，體型略小的蒙古鴴戰敗，帶著凌亂的飛羽狼狽的逃離，勝利的鐵嘴鴴獨享這一小片水域。

幾十隻裏海燕鷗一動也不動的停在紅樹林前休息；幾隻小燕鷗逆著風，低著頭一直在尋找獵物。幾十隻頸側白，喉胸腹轉為亮黑繁殖羽的金斑鴴，停在倒映著藍天，宛如一面鏡子的水面，看得令人眼花撩亂。

說明 23：北返前的蒙古鴴一身紅褐繁殖羽，慢慢走在淺水域覓食。

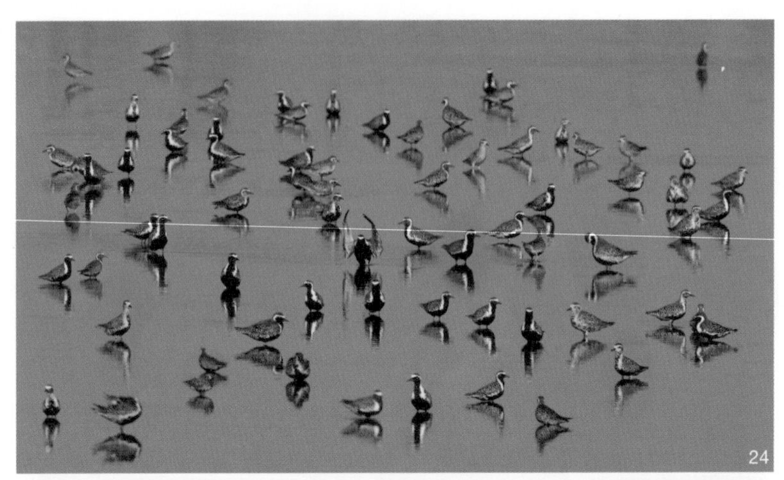

說明 24：幾十隻金斑鴴，停在倒映著藍天，宛如一面鏡子的水面，看得令人眼花撩亂。

說明 25：彎嘴濱鷸等冬候鳥，年復一年來溼地享用牠們的美食，將軍溼地是水鳥的天堂。

將軍溼地沒有任何人工設施，保持自然完整的溼地生態環境，漲退潮帶來的海水及有機物質，讓溼地注入源源不絕的生命力，從底棲生物的繁衍、魚蝦螺貝的生生不息，到溼地的留鳥、過境鳥和冬候鳥，年復一年在溼地享用牠們的美食，這裡是水鳥的天堂，也是賞鳥人希望和琵嘴鷸再次不期而遇的賞鳥樂園。

說明 26：將軍溼地無任何人工設施，保有自然完整的溼地生態環境。

最佳賞鳥期：每年十月到隔年四月

代表鳥種：諾氏鷸、黑嘴鷗、斑尾鷸

稀有鳥種：黑面琵鷺、唐白鷺、琵嘴鷸、鷸、鷗嘴燕鷗

普遍鳥種：黑翅鳶、紅鳩、珠頸斑鳩、番鵑、小雨燕、翠鳥、棕背伯勞、紅尾伯勞、大卷尾、喜鵲、洋燕、家燕、赤腰燕、白頭翁、褐頭鷦鶯、灰頭鷦鶯、綠繡眼、白尾八哥、家八哥、麻雀、斑文鳥、小鸊鷉、黃小鷺、栗小鷺、蒼鷺、大白鷺、中白鷺、小白鷺、黃頭鷺、綠簑鷺、夜鷺、埃及聖䴉、紅冠水雞、高蹺鴴、反嘴鴴、灰斑鴴、太平洋金斑鴴、蒙古鴴、鐵嘴鴴、東方環頸鴴、小環頸鴴、反嘴鷸、磯鷸、黃足鷸、鶴鷸、青足鷸、小青足鷸、鷹斑鷸、赤足鷸、中杓鷸、大杓鷸、翻石鷸、大濱鷸、紅腹濱鷸、寬嘴鷸、尖尾濱鷸、彎嘴濱鷸、長趾濱鷸、紅胸濱鷸、黑腹濱鷸、燕鴴、紅嘴鷗、小燕鷗、裏海燕鷗、白翅黑燕鷗、黑腹燕鷗、銀鷗

第三節　頂山溼地

頂山溼地是屬於七股溼地的一部分，位置在臺 17 線往西轉南 26 鄉道，接南 25 鄉道進入頂山里的區域。大致以七股區頂山社區為中心，周圍近百公頃的廢棄鹽灘地為範圍，溼地內仍有一座舊紅磚搭成的槍樓矗立在西邊的紅樹林區，見證頂

說明 27：頂山溼地生物相豐富，每年冬天會有幾百隻黑面琵鷺在此停棲覓食。

說明 28：兩座木造二層樓高，且有無障礙設施的賞鳥亭，在 2017 年正式啟用。

山這裡鹽業的興衰。溼地主要由大片廢棄鹽灘、溝渠、魚塭、紅樹林圍繞，生物相豐富。最近十幾年，每年冬天，會有幾百隻黑面琵鷺在此停棲覓食，目前是黑面琵鷺重要的棲息地。近年來，夏天時還可以在此觀察到滯留在臺灣沒有北返的黑面琵鷺，2014 年數量達 21 隻。

2017 年 10 月雲嘉南濱海國家風景區管理處在七股區頂山里，興建兩座木造二層樓高，且有無障礙設施的賞鳥亭。賞鳥亭剪綵啟用時由 400 位黑琵志工、社區民眾，賞鳥人士，持約 400 公尺長的紅綵帶，用「大手牽小手」、「手護黑琵」方式慶祝頂山賞鳥亭啟用，並委由中華郵政出版「旅行臺灣黑面琵鷺小全張郵票」。賞鳥亭東、西、南、北四面牆都有鳥類觀察孔，內有頂山溼地常見鳥類照片和文字介紹，遊客能在不用風吹日曬的賞鳥亭，居高臨下，輕鬆的賞鳥。

每年十月到隔年三月，七股頂山廢棄鹽灘地聚集了大批黑面琵鷺，數量最多時超過四百隻。秋冬清晨，黑面琵鷺獨特的覓食技巧就像晨曦的狩獵，在太陽微露臉的第一曙光裡展開。幾百隻黑面琵鷺在北側紅樹林前水較淺的灘地，以行軍般的步伐前進，嘴喙一直離不開水面，只在撈到小魚時，才張嘴抬頭吞食。藍天倒映的淺藍水面，除了黑面琵鷺外，高個兒大白鷺伸長細頸準備啄食，有著黑色大鐮刀嘴的埃及聖䴉低著頭，用大彎嘴左右掃過水面。幾隻黑面琵鷺走向田埂邊緣的淺水域，

說明 29：清晨，黑面琵鷺、大白鷺、小白鷺、埃及聖䴉、反嘴鴴在北側紅樹林的水域覓食。

說明 30：背著研究用衛星發報器及腳環的黑面琵鷺 H02，是 2015 年夏天在韓國出生的，肩負著解開遷徙及繁殖生態等重要任務。

這裡魚比較多，大寬嘴左右撈個三兩下就抓到一條魚，鳥群發現後，逐漸的往邊緣移動，頃刻間，眼前的水面幾乎佈滿黑面琵鷺，這隻剛在吞魚，那隻又啣住一條，令人看得目不暇給，大白鷺當然不能錯過這麼好的機會，在水面上半飛半跑的趕來，張開雙翅威嚇驚擾黑面琵鷺，趁機伸直長頸，啄食從黑面琵鷺口中掉落的小魚，埃及聖䴉以緩慢的速度持續左右掃動，也來到田埂邊緣，加入戰局。

幾隻繫著腳環，背著研究用衛星發報器的黑面琵鷺，專注覓食，直朝馬路而來，腳環的數字清晰可見。一陣覓食後，吃飽的黑面琵鷺分批往紅樹林方向飛去。十幾分鐘後，有的立在水中擺動嘴喙，有的相互理羽，有的側頭縮頸睡起覺來，有的站在紅樹林上以大扁嘴互咬，還有幾隻互不相讓的咬起小樹枝把玩。

紅樹林的另一邊，千百隻濱鷸聚集在泥灘快速的啄食；幾百隻反嘴鴴，像是受過嚴格訓練的士兵，上翹的彎嘴完全埋在水裡，動作一致的左右撈取水裡的獵物，起飛時，黑白兩色配上藍得出奇的水面，別有一番美感。西側靠近馬路幾乎沒有水的灘地，上千隻黑腹燕鷗和幾百隻裏海燕鷗壁壘分明的各自佔領一大片灘地。黑腹燕鷗很容易受噪音影響而起飛，連機車引擎聲都能驚擾到牠們。

形單影隻的黑色型岩鷺在淺水域抓魚，雖然不停地走動、

說明 31：幾百隻反嘴鴴，起飛時，黑白兩色配上藍得出奇的水面，別有一番美感。

張翅，伸頸啄向水裡，但老是落空；幾隻小白鷺在另一側採團體合作，以腳擾動水底，或採突然張翅的策略，驚嚇出水裡的小吳郭魚，再一口咬住，岩鷺自己抓不著魚，看著小白鷺嘴裡的魚，竟飛過來搶食。

溼地裡以水鳥為主，鷸科、鷺科、鴴鴴科為大宗，陸鳥有時也會來客串一下，白尾八哥、家八哥在臺灣已經隨地可發現，在這裡總能看到幾隻。一小群白尾八哥混雜著幾隻家八哥，站在電線上輪流飛到馬路啄食已被曬乾的魚或被車壓過的老鼠屍體；這裡草地少，昆蟲也少，捕食昆蟲的鳥更少，紅尾伯勞看上這裡沒有同類競爭，索性就待在這裡，幾次來都看牠站在同一棵枯死的海茄苳樹枝上東張西望，飛到草地啄食昆蟲的次數少的可憐，也不知牠忙了一天，到底有沒有吃飽；灰頭鷦鶯、褐頭鷦鶯斜站在幾株芒草上，翹起長尾，隨風搖曳；路過的黑翅鳶還沒在木麻黃上站穩，就被 2 隻兇悍的大卷尾攻擊，大卷尾憑藉高超的飛行技術持續追擊，體型比大卷尾大 2 倍的黑翅鳶，居然毫無招架之力，拍動翅膀逃離，大卷尾乘勝追擊，尾隨黑翅鳶，直到黑翅鳶遠離。

三月，鷸鴴科的多元生態行為正進入高峰。一對東方環頸

說明 32：驚嚇後的東方環頸鴴雛鳥不知從哪裡冒了出來，跌跌撞撞的鑽進親鳥的懷裡。

鴴因為遊客的接近，翅膀下垂並趴在地上哀鳴，沿著黃槿樹下緩慢假裝跛著腳，攤開單翅往前移動，這種早熟性鳥種的擬傷行為曝露出牠正在附近帶雛的行蹤。從親鳥「匹吱～匹吱～～匹吱～～」的尖銳鳴叫聲聽出牠們是要雛鳥躲好。只見親鳥擬傷不到一分鐘，飛到稍遠的路面，就站在柏油路上焦急的走來走去盯著遊客的方向看，一會兒，遊客離開，雌鳥飛到海茄苳樹下半伏著身，發出輕柔的「吱～吱～～吱～～」聲，3 隻毛絨絨的雛鳥不知從哪裡冒了出來，像是驚嚇過度，跌跌撞撞的跑過石礫和泥土混雜的地面，快速的鑽進親鳥的懷裡。

四月，轉繁殖羽的鶴鷸，在陽光照拂下，通體烏黑光亮，眼圈像是黑墨團裡用圓規畫上一圈亮白，相當明顯。這群鶴鷸有十來隻，聚集在南側長滿綠藻的一塊廢棄魚塭，啄食水面的小蟲，這一小群裡，有幾隻灰褐色冬羽的，也有幾隻轉部分黑色繁殖羽的，可以清楚的比較鶴鷸冬羽和夏羽之間羽色的變化。這裡的魚塭，秋冬季節時水位稍深，會有一小群雁鴨在此用嘴喙濾食，燕鷗群三三兩兩的在此巡航衝水抓魚吃。初春時，水位只剩不到 10 公分，露出的泥灘地剛好讓春過境期的小型鷸鴴科有最好的覓食場所：只帶著灰、褐、白三個顏色來臺灣過冬的紅胸濱鷸，經過了一整個冬天溼地滋養生息，頭、喉、頸及上胸已轉成亮紅褐色的繁殖羽，幾百隻相同體型，相同顏色的矮胖身形，低著頭以同方向同速度的覓食方式，不斷

說明 33：轉繁殖羽的鶴鷸，通體烏黑光亮，眼圈像是黑墨團裡用圓規畫上了一圈亮白。

用嘴喙快速插入泥地攫取小蟲，先往前移動了十幾公尺，轉個180 度，再往後走十幾公尺，這樣壯觀的集體行動，一個早上來來回回十幾次。

兩隻稀有的小濱鷸一直躲在靠馬路的溝渠邊覓食，這兩隻小濱鷸，頭和背羽已換上鏽紅的繁殖羽，白色的喉部和紅胸濱鷸的紅褐色喉部明顯不同，一改冬羽時只能用稍長的腳脛來和紅胸濱鷸略短的腳脛區別；上百隻長趾濱鷸安靜的在海茄苳旁的紅磚岸邊休息，身上的紅褐色繁殖羽和一整排紅磚的顏色太接近，若不是有幾隻剛好在振翅，還差點錯過；一小群尖尾濱

說明 34：小濱鷸頭和背羽換上鏽紅的繁殖羽，白色的喉部和紅胸濱鷸的紅褐色明顯不同。

鷸，V 字形斑的腹部以及比長趾濱鷸大的體型，頂著赤褐色的頭、紅褐色的背羽，混群在長趾濱鷸群裡；腹部有一大塊黑色斑塊的黑腹濱鷸就好認多了，一大群在灘地中央快速啄個不停，貨車經過時整群飛離，在空中繞了一圈後，整群又再飛回。

反嘴鴴在北部以小群出現，而且不容易看到，但在臺南幾個溼地都有上百隻的族群，每年十一月開始到隔年四月底來臺南，都能欣賞牠們群飛及集體覓食的美麗姿態，反嘴鴴在臺灣沒有繁殖紀錄，但這幾年在南部的溼地都能觀察到交尾的情形。頂山溼地的反嘴鴴在北返前的四月底、五月初還聚隻上百隻，分散在靠近鹽博物館的幾個紅磚分隔的鹽灘地。幾對配對完成的反嘴鴴會遠離主群，在鹽灘地的角落雙雙對對以上翹的彎嘴輕掠水面，濾食水裡的小蟲，兩對太靠近時，各自發出帶有敵意的「喀～喀～喀～」聲音，並且壓低身體，準備衝刺攻擊，入侵方如果仍未退回離開，兩對會相互張翅威嚇，發出更低沈的叫聲，並開始用嘴喙、翅膀、雙腳碰撞對方，張翅互相追趕。這種叫囂方式，警告的意味濃，並不會大打出手，持續幾分鐘後，入侵一方，看對手不肯讓步，默默離開，固守覓食領域成功的一對，相互鳴叫幾聲後，繼續低頭覓食。此時雄鳥亦步亦趨跟在雌鳥的後面，距離不會超過 1 公尺。幾分鐘後，雌鳥在淺灘的一隅，將頭頸完全伸直，幾乎要貼著水面，整個背，連同頸、頭往前傾，鋪成平臺狀，並在原地左右擺盪，雄鳥接受到雌鳥願意交尾的訊息，在雌鳥的左右以嘴喙輕挑水面，揚起的水珠灑在雌鳥的身上，雄鳥持續沾水整理胸前的羽毛，並繼續挑水，這樣的「前戲」有時進行好幾分鐘，雄鳥再以頭頸身體推擠摩擦雌鳥的兩側身體，然後兩腳一蹬，振翅跳上雌鳥的背，翅膀微張並左搖右晃，力求平衡，最後跗蹠平跪在雌鳥背上，尾部迅速相接幾秒鐘，交尾就完成。完成交尾後，雄鳥從雌鳥側面滑下，兩隻鳥狀極親暱地嘴喙交叉相接，頸部交纏，相偎相依，各自張開外側的翅膀，往前同步幅走了幾步才分開，這樣恩愛迷人的交尾紀錄，有時一天進行好幾次。

說明 35：南部地區的溼地，反嘴鴴近幾年都有交尾的紀錄，期待牠們能在臺灣繁殖成功。

頂山廢棄鹽灘的大片水域，有海茄苳讓候鳥棲息，底棲生物及魚蝦滿足水鳥食物的需求。除了常見的冬候鳥外，有時也有意想不到的水鳥造訪。2015 年冬天，成千上萬隻的尖尾鴨、琵嘴鴨、赤頸鴨，在西北側稍深的水域棲息覓食；兩隻小天鵝也在這裡停留了一陣子，距離雖遠，仍吸引賞鳥客駐足。2016 年秋，幾十隻東方紅胸鴴在灘地出現，雖只短暫停留，也是難得的紀錄；秋冬時，兩隻大紅鶴在淺水灘，彎頸低頭，雙腳原地快速踢踏，攪動水底的小生物，再以奇特的嘴喙，優雅的濾食；黃昏時，踩著凌波舞步，助跑展翅高飛。

說明 36：兩隻大紅鶴黃昏時，踩著凌波舞步，助跑展翅高飛。

說明 37：頂山溼地的 4 隻黑面琵鷺飛過落日，準備到附近的魚塭覓食。

秋冬的七股頂山溼地，適當的水位，豐富的食物，提供水鳥最好的棲息環境，同時也是近距離觀賞黑面琵鷺最好的鳥點，反嘴鴴精彩的生態行為及春過境的鷸鴴科水鳥為每年的七股頂山溼地譜出美麗的音符。

最佳賞鳥時間：每年十月到隔年四月。

代表鳥種：黑面琵鷺、反嘴鴴

稀有鳥種：魚鷹、紅隼、小天鵝、白琵鷺、岩鷺、東方紅胸鴴、小濱鷸、鶴鷸

普遍鳥種：黑翅鳶、紅鳩、珠頸斑鳩、番鵑、翠鳥、棕背伯勞、紅尾伯勞、大卷尾、樹鵲、喜鵲、棕沙燕、洋燕、家燕、赤腰燕、白頭翁、褐頭鷦鶯、灰頭鷦鶯、綠繡眼、白尾八哥、家八哥、白鶺鴒、東方黃鶺鴒、麻雀、斑文鳥、赤頸鴨、花嘴鴨、琵嘴鴨、尖尾鴨、小水鴨、小鸊鷉、鸕鷀、黃小鷺、栗小鷺、蒼鷺、大白鷺、中白鷺、小白鷺、黃頭鷺、綠簑鷺、夜鷺、埃及聖䴉、白腹秧雞、紅冠水雞、高蹺鴴、灰斑鴴、太平洋金斑鴴、蒙古鴴、鐵嘴鴴、東方環頸鴴、小環頸鴴、反嘴鷸、磯鷸、黃足鷸、青足鷸、小青足鷸、鷹斑鷸、赤足鷸、翻石鷸、大濱鷸、紅腹濱鷸、寬嘴鷸、尖尾濱鷸、彎嘴濱鷸、長趾濱鷸、紅胸濱鷸、黑腹濱鷸、燕鴴、紅嘴鷗、小燕鷗、裏海燕鷗、白翅黑燕鷗、黑腹燕鷗

第七章

濱海河口溼地

臺灣西部濱海河口大大小小多達數十個，每條河口在一年四季各有不同的風情面貌，耐鹽分的紅樹林是河口不可或缺的重要植物，盤根錯節的發達突出根系除了能呼吸外，還能有效地滯留陸地泥沙及自身掉落的葉片，讓來自淺海及河川上游的有機物及有機鹽得以在河灘泥地沈積循環，有效地豐富腐植層，通過食物鏈的轉換，讓無脊椎動物、魚蝦蟹類一年四季不斷繁衍生長，吸引本地留鳥聚集覓食，築巢繁殖，也是候鳥度冬和遷徙不可或缺的重要棲地及覓食場。

說明 1：河口形成的生態多樣生物網，讓魚蝦蟹類一年四季不斷繁衍生長，吸引冬候鳥聚集覓食棲息。

第一節　學甲溼地生態園區

學甲溼地生態園區，是臺南市黑面琵鷺的新據點，地理位置在在臺南市學甲區北邊，鄰近北門區舊筏仔頭聚落，該地區及附近耕地，幾百年前的潟湖因土石淤積成陸地，發展為幾十戶人口的筏仔頭聚落，二十多年前又因氣候變遷、海平面上升，養殖業者超抽地下水，使得地層下陷，不得不廢村遷址，遷村至學甲區新筏仔頭聚落。舊部落所屬面積約 20 公頃，歷經十年，讓土地自然發展，形成一大片溼地，學甲區農會向農委會林務局爭取經費，以休耕補助的價格向農民承租農地，讓農地轉型復育成溼地，並委由臺南市生態保育學會進行鳥類及植物研究等溼地生態調查，並於 2013 年掛牌「學甲溼地生態園區」正式成為臺南的新溼地，與溼地的西邊，著名的北門區南鯤鯓五王代天府連成廟宇文化與鳥類及自然生態觀光的景點。

2

學甲溼地包括以學甲溼地生態園區為主的區域及周圍的急水溪灘地。目前設有兩個賞鳥區，一座賞鳥解說亭及沿著堤防的自行車賞鳥步道。是屬於具有潮汐、沙洲，泥灘、草澤，紅樹林多樣化的溼地型態。

壹、第一賞鳥區

學甲溼地第一賞鳥區在筏仔頭大橋兩側，及舊筏仔頭原本的村落及農田位置。橫跨急水溪的筏仔頭大橋兩側灘地，長滿海茄苳為主的紅樹林，漲潮時黃小鷺、栗小鷺、小白鷺、中白鷺、大白鷺、夜鷺常停棲在這裡，退潮後，這些鷺科的鳥，開始在紅樹林的灘地裡找魚、蝦、蟹吃。黃小鷺、栗小鷺覓食時常伸直頸部，做出與環境相似的擬態，等待啄食水裡的魚蝦；大白鷺全身潔白，挺著明顯喉部扭結的 S 大彎頸，像紳士般不急不緩的在灘地走動；長得和大白鷺相似的中白鷺，體型小了一號，小群的佇立淺水區及草澤處準備啄食小魚、小蟲；小白鷺體型更小，一小群在灘地裡為 1 條小魚爭得你死我活。

過了筏仔頭大橋，道路兩旁的泥灘地因每日的兩次漲退潮，覆蓋了一層綠藻， 各種招潮蟹及彈塗魚以此為家。原本

說明 2：舊筏仔頭聚落廢村遷址，原本的土地形成了溼地。

躲在海茄苳樹下的灰胸秧雞最愛在晨昏時出沒，只見牠先伏著身，盯著正前方的目標，慢慢前進，最後再衝刺快跑，捕捉來不及回洞穴的招潮蟹，捉到大蟹無法吞食時，還會用力甩動嘴喙，讓蟹腳斷裂，一口吞下蟹身後，再把剛才甩落的蟹腳一一吃進肚，不浪費一絲食物。繁殖期，配對完成的雄鳥還會把螃蟹咬給雌鳥吃，大獻殷勤。這裡的灰胸秧雞數量超過 10 對，交尾期的二、三月，有不少鳥友會在路旁搭起偽裝帳，花一個早上的時間，耐心的等候交尾的精彩畫面。

紅冠水雞是臺灣普遍的留鳥，全身黑褐色，臺語稱為黑水雞，分布在全臺有水域的池塘、魚塭、溪流、水田、草澤和溝渠。晨昏活動較頻繁，警覺性高，遇干擾即躲進草叢。學甲溼地的這片綠藻最容易發現牠們的身影，常看見牠們露出兩支大黃腳和超長的腳趾，支撐著碩大的身軀，行走在如綠地毯的溼地，尋找食物吃，走動時尾羽翹得高高的，露出尾部兩片白色覆羽，有節奏的上下擺動，甚為有趣。

晚冬到春過境期間，是鷸鴴科在這裡活動的高峰，體型碩大的大杓鷸用長彎嘴插入軟泥，深入其他鷸鴴科啄不到的深度，咬出來的蟹，不論大小隻，都會在水中清洗後再吞食；幾隻中杓鷸緩慢的來回走動，東啄西啄，竟也啄出不少小蟹；全身醒目磚紅色的彎嘴濱鷸，在泥灘地以彎嘴深入泥中探索、翻找、啄食小型軟體動物；轉繁殖羽的蒙古鴴從後頸至前胸都是

說明 3：配對的灰胸秧雞晨昏時會一起出沒在灘地，以招潮蟹為主食。

說明 4：紅冠水雞，行走在如綠地毯的溼地，尋找食物吃。

亮橙紅色，正以厚嘴挖出一條大蚯蚓，費了一番工天才整條吞食；體型比蒙古鴴稍大，顏色相近的鐵嘴鴴，用比蒙古鴴更長的硬嘴，從泥裡挖出一隻螃蟹，緊咬在嘴裡，調整好角度，再張嘴吞食；青足鷸、小青足鷸、赤足鷸休息時常群聚一起，以單腳站立，有時會伏臥岸邊，覓食時常混群，一整個冬天都在綠得出奇的大片水藻上走動，啄到什麼就吃什麼；總愛上下擺動搖著尾羽，腹面翼角處內凹呈白色三角形的磯鷸，會挑小一點的螃蟹吃；嘴長上彎的反嘴鷸，快速的在軟灘地追著螃蟹，再以長嘴伸入泥中翻咬，吞食前常將獵物在水中清洗；黃足鷸則舉著大黃腳，以穩定的步伐邊走邊找食物。

在臺南各個溼地都能發現的高蹺鴴，長腳及黑翅的主要特徵太過明顯，所以又稱為長腳鷸或黑翅長腳鷸。早期觀察紀錄為冬候鳥，近二十年在南部地區，集體在旱田、鹽田、農田和水塘溼地邊營巢繁殖情形普遍，通常一窩有四個蛋，繁殖期從三月到八月，雌雄共同臥巢。高蹺鴴結束冬季的群聚生活，會在春季開始時分散在各地溼地或農田，準備配對。幾對高蹺鴴在這塊溼地裡已經好幾天，不時地踩著粉嫩的細腳在淺水域來回啄食，背羽黑色的雄鳥一直跟在背羽褐黑的雌鳥身旁，還會共同驅趕過於接近活動領域的同類，似乎在等最佳的時機準備完成傳宗接代的任務。雌鳥準備交尾時會把頭頸往前伸，站立不動，身體成為略往前傾斜的平臺，雄鳥先在雌鳥的兩側來

說明 5：黃足鷸在溼地出現，以穩定的步伐邊走邊找食物。

說明 6：高蹺鴴雄鳥用嘴挑水、站在雌鳥背上交尾，最後兩隻鳥嘴喙交錯，整個過程像是一曲雙人冰上芭蕾，優雅唯美。

回走動，用細尖嘴挑水沾溼身體並仔細整理羽毛，接著打開嘴喙，快速的揚起水花，又像要努力夾起水珠般的撥弄水面，形成一圈圈的漣漪，接著從雌鳥側面一躍而上，張開腳趾站在雌鳥的前背，隨即彎曲長腳、伏趴，並張翅努力保持平衡，雌鳥交尾時會小幅度左右擺頭，力求站穩腳步，完成交尾後雄鳥微張翅從雌鳥尾側滑下，兩隻鳥嘴喙交錯，身體交相纏綿，相互對看後再同步往前走了幾步才各自分開，整個交尾過程像是一曲雙人冰上芭蕾，從前奏到主曲、一直到曲調終了，優雅唯美。

貳、第二賞鳥區

陽光微露臉的冬日午後，從南邊堤防走上唯一的賞鳥亭往北看，黑腹燕鷗、紅嘴鷗、裏海燕鷗在退潮之際，形成三個大集團，成群結隊的停在灘地上，匯集的數量常超過千隻，盤旋飛舞時的壯觀場面，令人驚嘆！上百隻蒼鷺分散站立在紅樹林，頭上的兩根飾羽，在北風的吹佛下，東飄西晃的，和搖動的樹枝，有著律動的美感；幾十隻埃及聖䴉用鐮刀狀的大彎嘴，猛力砍進泥地裡，硬把獵物挖出來；黑白兩色的反嘴鴴，超過百隻的停在水面和泥灘的交接處，幾小群離開主群，在淺水區域用上彎的嘴喙掠過水面掠食；溼地裡雁鴨科以琵嘴鴨和赤頸鴨為主，常在水域邊緣覓食，數量大約維持在幾十隻，大卡車從防汛道路通過時，轟隆隆的聲響，常驚飛牠們。

說明 7：紅嘴鷗群起飛，夾雜著幾隻裏海燕鷗，這樣的畫面一天會出現許多次。

說明 8：琵嘴鴨和赤頸鴨常在水域邊緣覓食，大卡車從防汛道路通過時，轟隆隆的聲響，常驚飛牠們。

2013年冬天，一隻上頸黑褐帶有墨綠色光澤，胸部栗色的花鳧出現在泥灘地，這隻又稱翹鼻麻鴨的稀有雁鴨，在灘地待了十多天才飛離；2018年11月，一隻瀆鳧雄鳥出現在溼地，這隻瀆鳧有明顯的繁殖羽，頸部具細黑頸環，身披橘黃色羽衣，因身上明顯的黃，又稱黃麻鴨，這隻黃麻鴨雖只短暫出現半日，也為溼地帶來了驚喜。

欣賞溼地水鳥之餘，也不要忘了觀察岸邊的陸鳥：棕背伯勞是這裡的常客，站在樹枝上，用銳利的雙眼盯著草裡的蟲，一蹬腳，飛撲而上，捕獲獵物後，飛回原來的樹梢享用；紅尾伯勞大概是不敢侵犯棕背伯勞的地盤，躲得比較遠，站在蘆葦花穗上，隨風波浪狀的搖擺，幾次飛離捕蟲，卻又常落空；一對喜鵲無意間翩然而至，停在自行車道邊坡，在草堆裡啄了好一會兒，也不知有沒有吃到什麼，嘎叫幾聲又翩然飛走；一群白喉文鳥、幾隻紅鳩在草裡吃起了草籽，吃著吃著，愈走愈近，咬掉草籽的聲音清晰可聞；一隻環頸雉雄鳥，像是迷路般，在灘地邊緣遊走，爛泥巴地實在不適合牠這種腳爪分離的大雞行走，沒啄到什麼食物，就爬上草坡，消失在草叢裡。

2010年起，黑面琵鷺開始在這裡出現。每年十一月底會有十幾隻先在灘地停棲，一直到隔年一月，數量達到最高峰。在靠近北岸的灘地，兩百多隻黑面琵鷺整齊的排好隊，把嘴喙藏在翅膀下，一面睡覺，一面享受日光浴，幾隻愛玩的，飛到

說明 9：棕背伯勞是普遍留鳥，常站立樹枝上伺機捕捉昆蟲。

高大的木麻黃，搖搖晃晃的以大嘴喙互啄；溪水隨著漲潮，水位一下子升高，驚醒了還在睡覺的黑面琵鷺，睡醒的幾十隻，開始搖頭晃腦起來，等大家都醒了，帶頭的那隻開始往前走，兩百多隻鳥同時邁開步伐，往高處移動了幾十公尺，停在灘地振翅理羽，幾分鐘後，一小群一小群的飛至附近魚塭覓食，起飛的時間如果比較晚，還能欣賞到黑面琵鷺飛過晚霞的畫面。黑面琵鷺在這裡的最高紀錄曾達 428 隻，學甲溼地儼然成為牠們在臺南地區重要的新棲地，也是喜愛生態旅遊者值得造訪的賞鳥溼地。

說明 10：黃昏時，溼地的黑面琵鷺飛往附近的魚塭找魚吃。

說明 11：三月，急水溪河床的黑面琵鷺換上金黃的繁殖羽準備北返。

三月，黑面琵鷺換上金黃的繁殖羽後陸續離開，急水溪灘地的水鳥也隨著天氣變暖，一天比一天少，想要看滿天飛舞的鳥群，就得再等半年了。

最佳賞鳥時間：每年十月到隔年三月。

代表鳥種：黑面琵鷺、灰胸秧雞、紅嘴鷗、裏海燕鷗、黑腹燕鷗

稀有鳥種：魚鷹、花鳧、黃麻鴨、環頸雉

普遍鳥種：黑翅鳶、紅鳩、珠頸斑鳩、番鵑、小雨燕、翠鳥、棕背伯勞、紅尾伯勞、大卷尾、樹鵲、喜鵲、棕沙燕、洋燕、家燕、赤腰燕、白頭翁、褐頭鷦鶯、灰頭鷦鶯、鵲鴝、綠繡眼、白尾八哥、家八哥、黑領椋鳥、麻雀、斑文鳥、白喉文鳥、赤頸鴨、琵嘴鴨、尖尾鴨、小水鴨、小鸊鷉、黃小鷺、栗小鷺、蒼鷺、大白鷺、中白鷺、小白鷺、黃頭鷺、夜鷺、埃及聖䴉、白腹秧雞、紅冠水雞、白冠雞、高蹺鴴、反嘴鴴、灰斑鴴、太平洋金斑鴴、蒙古鴴、鐵嘴鴴、東方環頸鴴、小環頸鴴、彩鷸、磯鷸、黃足鷸、青足鷸、小青足鷸、鷹斑鷸、赤足鷸、反嘴鷸、大杓鷸、黑尾鷸、尖尾濱鷸、彎嘴濱鷸、長趾濱鷸、紅胸濱鷸、黑腹濱鷸、田鷸、燕鴴、黑尾鷗、小燕鷗、白翅黑燕鷗

參、學甲溼地與臺南市生態保育學會

學甲溼地的成立與臺南市生態保育學會有密切的關係，一則臺南市生態保育學會的會址就在學甲區，二則創辦人邱仁武理事長是學甲人。邱理事長關注臺南市生態環境，在 2008 年和志同道合的夥伴共同成立這個組織，以「重視生態保育、保護綠色地球」為主軸願景，致力推廣環境教育及生態保育學習計畫工作。在學會多年努力奔走，臺南市政府及農業局的支持下，「學甲溼地生態園區」終於正式掛牌成立。

臺南市生態保育學會 10 年來，對於「黑面琵鷺保育季」、「生物多樣性環境教育」等活動的推廣成果豐碩，在環保、生態、保育等教育議題貢獻卓著，榮獲多次殊榮。2010 年榮獲環保署全國推動環保有功團體特優獎；2011 年，榮獲全國社教公益榮譽；2012 年獲臺南市推動環境教育績優單位；2016 年獲得聯電公司第一屆綠獎。學會每年舉辦「維護生態、綠色地球」活動，號召社區民眾在「學甲溼地生態園區」舉辦淨灘健走，並準備高倍數望遠鏡，讓參加健走的民眾觀賞黑面琵鷺等鳥類。

並與臺灣首府大學舉辦多場水雉、黑面琵鷺生態解說志工培訓營，訓練生態解說志工上百名；和學甲區中洲國小年年合作，培訓小小生態解說員。每年承辦臺南市政府農業局主辦的黑面琵鷺保育季系列活動，以黑琵 HAPPY 生態行為主軸，活

說明 12：臺南市生態保育學會，每年會在學甲溼地舉辦維護生態、愛護綠色地球等活動。

說明 13：臺南市生態保育學會在第二賞鳥亭舉辦賞鳥活動，並有志工架設望遠鏡解說服務。

動包括：我愛黑琵親子闖關體驗營活動、黑面琵鷺剪影、黑琵之美親子寫生比賽、黑面琵鷺親子 DIY 活動，一同賞黑琵、嚐海鮮及體驗溼地之美等。並與七股黑面琵鷺保育中心舉辦多場次黑面琵鷺及水鳥生態攝影展，共同為鳥類生態保育奉獻一份心力。

肆、「滄海桑田話濕地」學甲濕地故事繪本

2018 年 12 月「滄海桑田話濕地」——學甲濕地故事繪本的出版，見證溼地保育的另一個旅程碑。這是由內政部營建署及臺南市政府農業局，配合臺南市生態保育學會執行的「學甲溼地保育行動計畫」，出版的故事繪本。這本書由臺南市生態保育學會主導，學甲國小師生經過將近一年的撰寫繪圖，以故事題材的方式，細說「筏仔頭」聚落及附近農地，由桑田變滄海，形成現今學甲溼地的風貌。透過小學生細膩的觀察，純真的文筆，以對話的方式，結合在地人文、歷史、地理，描繪溼地漲退潮、紅樹林、招潮蟹、彈塗魚的生態，吸引高蹺鴴、裏海燕鷗、黑腹燕鷗及幾十種鷸鴴科來棲息覓食，並有國際級保育類黑面琵鷺每年都來報到。繪本出版後，贈送學甲區各國小每校 20 本，做為鄉土教學的教材，讓生態保育理念向下紮根，綠色種子能撒播、茁壯，以期保育生態觀念能永續發展。同時希望透過「滄海桑田話濕地」故事繪本的影響力，幫助學甲區

說明 14：「滄海桑田話濕地」學甲濕地故事繪本，描述桑田變滄海及溼地保育的故事。

的學童及民眾，了解學甲溼地的歷史演進，讓人與自然、生態保育與經濟發展和諧共榮。

第二節　北門雙春濱海地區

北門雙春濱海是臺南市最北的海岸線，附近有著名的北門雙春濱海遊憩區。

沿著臺 17 線公路，過南鯤鯓代天府後繼續往北，經過橫跨急水溪的五王大橋後左轉，可以看到兩側上百個魚塭。夏季時，魚塭的水鳥不多，只有少數留鳥在附近活動，高蹺鴴沿著

說明 15：幾百隻的大白鷺和小白鷺佔領滿滿的一池魚塭，起飛時聲勢驚人。

說明 16：大白鷺施展張翅嚇唬黑面琵鷺的老把戲，看能不能撿到黑面琵鷺嘴裡掉的魚。

水邊走，啄食些小蟲，小白鷺、夜鷺、埃及聖鶚常站在綠堤上休息，幾隻小鷿鷈在水裡鑽進鑽出的。深秋開始，候鳥陸續出現，紅嘴鷗、黑腹燕鷗數量最多，大白鷺、中白鷺和蒼鷺等鷺科水鳥也持續增加。

農曆年前後，魚塭抽水撈魚，留下不足一尺深的水，聚集幾百隻的大白鷺和小白鷺，吵雜低沈的的嘎嘎聲不絕於耳。大白鷺縮著S型的長頸專注的看著水面，一有魚的動靜，像通電的彈簧，彈入水裡啄食吳郭魚，才剛啣在嘴裡，幾隻同伴張翅搶奪，一群小白鷺也加入戰局。幾十隻黑面琵鷺，也飛抵淺水魚塭，在大白鷺、小白鷺群裡撈魚吃。幾隻大白鷺施展老把戲，看到黑面琵鷺咬到魚，張翅嚇唬牠，看能不能撿到黑面琵鷺嘴裡掉的魚。

上百隻黑腹燕鷗整個早上都在魚塭上空來來回回掠食水裡的魚蝦，每隻鳥吃了幾輪後就停在路旁的電線上休息，隨即有下一批飛進獵食場，繼續掠食；幾十隻紅嘴鷗就氣定神閒多了，漂浮在水裡，直接啄取水面載浮載沈的小魚，咬著的魚如果太大條，試幾次吞不下，就吐回水裡，改由另一隻紅嘴鷗啄取繼續試，水裡的魚很多，從岸上用肉眼就能清楚看見，但這群鳥，就喜歡邊吃邊玩，自己不去抓，老喜歡搶別隻鳥口中的魚。

銀鷗屬的大型鷗科，體型碩大，站在大白鷺旁，幾乎同一個量級，水塘裡十幾隻銀鷗，有全身潔白的成鳥，有身披褐衣

說明 17：紅嘴鷗喜歡邊吃邊玩，自己不去抓，老喜歡搶別隻鳥口中的魚。

點綴白斑的各齡亞成鳥，這種約 4 年才會性成熟的鳥種，依成熟度，常會用第幾齡鳥來區分年齡，在辨識上真是一門學問。這群銀鷗覓食時像是在和魚拔河，在水邊好不容易咬住一條魚的尾巴，奮力的往後拉，魚使出全身力氣掙扎逃命，死命的掙

說明 20：馬路旁西邊的紅樹林區，翠鳥常站在這裡停留，找尋水裡的魚蝦。

說明 18：魚塭裡的 2 隻銀鷗和 1 隻紅嘴鷗吃飽了，準備飛到更遠的岸邊休息。

說明 19：雙春濱海遊憩區是北門著名的遊樂景點，和南鯤鯓五王代天府只隔著一條急水溪。

脫，銀鷗抓不到活魚，只好和同伴共享岸邊的死魚。

沿著雙春濱海遊憩區大門東邊的馬路往北直行 2 公里，可以到達春過境時賞水鳥的重要鳥點——八掌溪口。這條小路平時除了附近的居民及養殖戶外，很少人在這裡出入，路的東側是養文蛤的魚塭，西邊長滿了水筆仔、海茄苳等紅樹林，靠近海岸線的地方種滿了做為防風林用途高大的木麻黃，樹齡少說也有四十年。馬路西邊的紅樹林區，有一大片木麻黃枯死，只留下幾公尺高的枯木，露出的水域在晴空的照映下顯得特別亮綠，翠鳥常站在這裡停留，找尋水裡的魚蝦。

紅鳩、珠頸斑鳩、白尾八哥、家八哥、白頭翁、鵲鴝一年四季都會在這裡活動；全身橙褐色的戴勝，也曾在這裡短暫出現；稀有的地啄木會在枯木頂端伸出長舌頭，黏食螞蟻，每枝枯木逗留的時間都只有幾秒鐘，就飛進紅樹林。地啄木和戴勝一樣，都只是短暫停留，鳥友的說法這叫「一日行情」；黑翅鳶雌鳥停在最高的木麻黃上發出乞食「ㄎㄧ…ㄎㄧ…」哀怨的聲音，雄鳥視若無睹的站在另一棵木麻黃上兀自理羽，像在告訴雌鳥，還不到打獵的時間。雌鳥繼續乞食，發出的哀怨聲更加淒涼，雄鳥似乎有些不耐煩，揚起翅，在空中繞了幾圈，停在更遠的電線上。

領空中的魚鷹不斷盤旋，搜索牠的早餐，看來又有某條魚

說明 21：黑翅鳶在雙春濱海地區已繁殖多年，常能看見牠們在空中飛行。

說明 22：魚鷹常站立在枯木上休息，站累了會有展翅的行為。

要成為盤中飧了，果不其然，說時遲那時快，瞬間收翅俯衝，整個身軀衝進東邊的魚塭裡，起身時腳爪穿過一條手掌大小的吳郭魚身體，在空中甩甩身子，抖落身上的水，濺起的水珠在陽光下閃著亮光，調整好魚頭朝前的角度，像是在炫耀自己高明的本領，在空中小繞了一圈，才飛到遠處的木麻黃上，以品嚐高級料理的方式，一小口一小口咬著吃，深怕咬太大口，吃不出鮮魚的甜美滋味。吃完了，常飛回平常站立的枯木休息。

道路東邊的魚塭地，在文蛤收成後，水位降低，鷸鴴科的水鳥趁露出泥灘的機會，一小群一小群的進駐，紅胸濱鷸的數量最多，密密麻麻的站滿四周沒有水的泥地，兩隻腳不停的往前走，幾乎不間斷的把嘴喙插入土裡快速啄食；磯鷸、青足鷸、小青足鷸、赤足鷸、長趾濱鷸四散在周圍有些水的灘地，一步一步慢慢走，仔細的挑蠕蟲吃。

2017 年 1 月，靠近海岸線的木麻黃防風林，來了 1 隻超級迷鳥——白領翡翠。白領翡翠是分佈於東南亞的鳥種，體長約 25 公分，在菲律賓、馬來西亞堪稱四處都有的普鳥，但在臺灣出現的次數非常少，常常是間隔幾年才會有一次短暫的停留，這麼稀有的鳥，當然燃起全臺鳥友熱情的追逐拍攝。剛發現的一兩天，就有十幾位鳥友在防風林及附近紅樹林尋找拍攝，幾天後，平時罕有人跡的小小防風林步道，架滿了各式各樣大大小小的望遠鏡及長鏡頭，少說也有一百組，都只為了想紀錄這隻帶有亮綠藍美背的鳥。出現了！出現了！一個上午的等待，一抹寶藍色的身影從 100 公尺外的兩排防風林的空隙飛過，像是賽車場，藍色的藍寶堅尼超跑從眼前以極快的速度呼嘯而過，雖只是驚鴻一瞥，但也滿足了眾多鳥友長時間的等待。

十幾天後，熱潮褪去，來這裡拍鳥的人，從每天百人，逐漸減少到十幾個人，最後是個位數。這隻白領翡翠似乎喜歡上了這裡的環境，竟然一待就是幾個月。「鳥友少了，鳥就近了」應證了拍鳥前輩的名言，等待的人少了，白領翡翠就大大方方的停在距離一、二十公尺的木麻黃枯枝上，注視淺水裡的動

說明 23：超級迷鳥白領翡翠的出現，引發鳥友拍攝的熱情。

靜，選定目標後，迅雷般的俯衝，用寬大的嘴喙在泥灘地裡掠取了一隻螃蟹，飛到稍遠的小樹枝上準備獎賞自己高明的捕食技巧。吃有八隻腳的獵物，還得動動腦子，才能順利吞下，只見牠不停地甩著頭，用力的把螃蟹摔甩在樹枝上，費了一翻工夫後，螃蟹腳一一甩掉，只剩圓扁的身體，頭一仰，一口吞下。

順著這羊腸小徑般的步道往裡走，半人高的草讓人怯步，這裡距離海岸很近，可以聽到海浪拍打岸邊的聲音，只是防風林層層疊疊，看不見海。西側的防風林有一畦畦的水，幾隻小白鷺在淺水草坡旁來回走動，偶爾用尖嘴喙捕食小蝦；黃小鷺和栗小鷺像是結拜兄弟，一前一後地在乾草堆裡站立，等著水裡的魚蝦；幾隻紅冠水雞，在兩排木麻黃間的水溝游動，偶爾越過土堤，到另一側水較多的區域啄食水裡的食物；綠簑鷺畏

說明 24：防風林讓鳥類有棲息之所，水裡的魚蝦、螃蟹提供鳥類豐富的食物。

畏縮縮的，每次都躲在好遠的木麻黃樹幹後面，只能從伸出的黑色尖嘴知道牠還在那裡，偶爾像踩高蹺似的，小心翼翼的走在橫臥的枯樹幹，帶點綠色的藍灰色翼羽，及鑲了白邊的羽緣，在陽光下閃爍著光澤，聳起凌亂毛絨的冠羽後，繼續躲在橫臥的樹幹後面覓食。

來到北門雙春，除了進到遊憩區，近距離觀察在泥灘上的彈塗魚、招潮蟹，或到海邊玩沙戲水，享受園區的各種完善設施。也可以園區外欣賞棲息林間的各種野鳥及魚塭的水鳥。

最佳賞鳥時間：每年十一月到隔年四月

稀有鳥種：白領翡翠、地啄木、戴勝、黑面琵鷺、紅隼、黑鳶

普遍鳥種：魚鷹、黑翅鳶、紅鳩、珠頸斑鳩、番鵑、翠鳥、小啄木、棕背伯勞、紅尾伯勞、大卷尾、喜鵲、棕沙燕、洋燕、家燕、赤腰燕、白頭翁、褐頭鷦鶯、灰頭鷦鶯、鵲鴝、綠繡眼、白尾八哥、家八哥、灰頭椋鳥、白鶺鴒、麻雀、斑文鳥、小鷿鷈、黃小鷺、栗小鷺、蒼鷺、大白鷺、中白鷺、小白鷺、黃頭鷺、綠簑鷺、夜鷺、埃及聖䴉、白腹秧雞、紅冠水雞、高蹺鴴、太平洋金斑鴴、東方環頸鴴、小環頸鴴、磯鷸、青足鷸、小青足鷸、鷹斑鷸、赤足鷸、尖尾濱鷸、彎嘴濱鷸、長趾濱鷸、紅胸濱鷸、燕鴴、紅嘴鷗、小燕鷗、裏海燕鷗、白翅黑燕鷗、黑腹燕鷗、銀鷗。

第三節　曾文溪口溼地與七股防風林

壹、曾文溪口溼地

曾文溪口溼地位於曾文溪出海口，是國際級溼地，總面積超過三千公頃，現在已經納進臺江國家公園的範圍。曾文溪發源自阿里山山脈，流經臺南市十幾個區，最後在安南區和七股區交界處流入臺灣海峽，總長 138.5 公里，沿途挾帶的生物碎屑在出海口沉積，豐富的營養鹽在淡水和海水交界的河口溼地蘊育大量的浮游生物、底棲生物及魚蝦蟹螺貝等生物，河口灘地主要植物為耐鹽的紅樹林，能提供鳥類停棲，吸引了大批冬

說明 25：曾文溪河口灘地主要植物為耐鹽的紅樹林，能提供鳥類停棲，吸引黑面琵鷺在此處棲息。

說明 26：入口黑面琵鷺全球地區圖及方位指標，遊客尚未開始賞鳥，就有賞鳥的悸動。

候鳥在此處覓食棲息，國際知名的黑面琵鷺每年秋冬都在這裡度冬。溼地劃設六百多公頃的「黑面琵鷺保護區」，當地人及賞鳥客把這裡稱為「黑面琵鷺主棲地」。保護區是目前全球黑面琵鷺聚集數量最多的地方，每年十月至隔年三月吸引許多中外研究人員及賞鳥人來此朝聖，目前這裡設有完善的賞鳥亭、賞鳥平臺和鳥類生態解說看板，供遊客使用，黑面琵鷺賞鳥季節時，賞鳥亭內的電視牆提供曾文溪口黑面琵鷺即時影像，現場並有臺江國家公園解說人員架單筒望遠鏡駐點解說。

從停車場走入第一賞鳥亭之間的入口意象包括黑面琵鷺全球地區圖及方位指標，大型黑面琵鷺塑像等藝術品，讓遊客尚未開始賞鳥，就有賞鳥的悸動。

賞鳥亭周圍種植木麻黃、黃槿等植物，和這裡的原生紅樹林，形成足夠的林蔭，吸引一些陸鳥在此覓食活動。白頭翁、綠繡眼總愛在黃槿樹葉裡鑽來鑽去找蟲吃；紅鳩、珠頸斑鳩在地上東啄西啄；褐頭鷦鶯、灰頭鷦鶯從紅樹林上一棵跳過一棵；臺南到處都有的喜鵲，每天總會造訪幾次；屬於不普遍籠中逸鳥的鵲鴝，站在木欄杆上翹著尾巴發出婉轉嘹亮又多變的叫聲，遊客經過時，快速地躲進矮灌叢；幾隻紅尾伯勞分散在自己認定的領域，偶爾過於接近時，彼此鳴叫幾聲後馬上飛回常站立的木麻黃上。

賞鳥亭牆上的大型鳥類照片，展示在溪口經常出現的水

說明 27：賞鳥亭周圍有木麻黃、黃槿以及原生紅樹林，形成足夠的林蔭，吸引一些陸鳥在此覓食活動。

鳥，包括黑面琵鷺、白琵鷺、埃及聖䴉、鷺科及鷸鴴科等鳥種。遊客可以一面透過望遠鏡觀察水鳥，還能一面比對。

每年九月中下旬，第一道秋風帶來了首批黑面琵鷺。之後，隨著東北季風增強，這群北方來的嬌客，群聚的數量可達六、七百隻。

黑面琵鷺剛來曾文溪口主棲地的活動是有規律性的。一群群黑面琵鷺結束了晚上的覓食後，會在清晨陸續飛回溼地休息。隨著潮汐，棲地的水位會有高低變化，主群會步行、或逐批飛行至適合站立的沙洲或紅樹林裡群聚。大約下午四點，原本側頭縮頸的黑面琵鷺開始在水中左右擺動嘴喙、理羽、張翅，預備起飛。傍晚，黑面琵鷺飛離主棲地，前往附近的淺水魚塭覓食；隔日清晨，再飛回主棲地休息。

曾文溪口黑面琵鷺主棲地的生物資源豐富，浮覆泥灘地上

說明 28：黃昏時一群黑面琵鷺受到驚擾，整群起飛。

說明29：聒噪的裏海燕鷗，聚集的數量常比黑面琵鷺還多，起飛降落的「嘎嘎～啊啊～」聲音，是溼地裡最大的聲響。

的水鳥群相更是多元：聒噪的裏海燕鷗聚集的數量常比黑面琵鷺還多，起飛降落的「嘎嘎～啊啊～」聲是溼地裡最大的聲響；蒼鷺注視著水面，站著等魚，許久才啄食一次，卻又老是落空；大杓鷸邁著大步伐，像是固守地盤似的在泥灘來回走著。大白鷺、小白鷺在稍深的水域用長尖嘴啄食小魚；幾隻夜鷺「呱啊～呱啊～」邊飛邊叫，飛往北側的魚塭；青足鷸、小青足鷸、赤足鷸略長的腳，剛好適合在淺水域找小魚蝦或小蟲吃；東方環頸鴴、小環頸鴴和紅胸濱鷸嬌小的體型和矮短的腳，只能在退潮的泥灘地裡啄食小蟲。

遼闊的溼地有時也會有迷鳥或稀有鳥出現，蠣鴴、諾氏鷸、琵嘴鷸出現時總在遠遠的浮覆地，用高倍的單筒望遠鏡也只能看見模糊的身影；日本松雀鷹、赤腹鷹、灰面鵟鷹、東方澤鵟這些猛禽往往只從天空飛過。2009 年 12 月，一群海秋沙在溪口待了一陣子；2012 年，一群小天鵝在這裡棲息好幾個星期；2015 年 12 月，一隻卷羽鵜鶘，在溪口短暫出現，留下難得的紀錄。

在第一賞鳥亭觀賞完黑面琵鷺及其他水鳥，可以順著往西的道路前行，堤防上還有 2 座賞鳥亭，但受限人力因素，這 2 座賞鳥亭有時沒開放。再往西行，可以從西邊的堤防往東欣賞幾百隻黑面琵鷺群聚的模樣，只是和鳥的距離很遠，如果沒有望遠鏡，一般遊客很少從這個角度欣賞黑面琵鷺。

說明 30：2012 年，一群小天鵝在曾文溪口棲息好幾個星期。

說明 31：清晨，從西側的賞鳥亭，可以觀察到黑面琵鷺和裏海燕鷗停在灘地。

三月，日照逐日拉長，黑面琵鷺跨過季節的門檻，頭頸換上了金黃的繁殖羽，亮麗的色彩，帶給主棲地春日的氣息。黃昏時，可以在賞鳥亭欣賞黑面琵鷺理羽及洗澡的畫面，陽光雖弱，但投射在牠們身上的光影，是一整年最美的時候。

中旬，主棲地逐漸聚集了幾百隻的成鳥，這些原本四散到附近溼地的鳥群，慢慢匯集形成大群，退潮時在靠近賞鳥亭的灘地整齊排列，北風仍強，這群黑面琵鷺把嘴和臉縮藏在翅膀裡，黑色的長腳支撐著健壯的身軀，金黃的長冠羽隨著北風開冠揚起，是準備北返的時候了。

南風起，幾十隻黑面琵鷺，魚貫的離開主群，走了幾十公尺後又走回來，好像在進行儀式般的來回數次。最後一次走離開時，仰頭看看天空，探探風向，揮動有力的翅膀，凌空而起，在主棲地的上空繞了兩圈，不斷隨著風向，尋找回家的方位，臨走前不忘在空中以低沈的聲音呼叫同伴，或許是在向這片滋養牠們半年的土地發出心中的感謝，相約秋風又起時，帶著今年繁殖的幼鳥再度拜訪溪口。最後，排成人字型的黑面琵鷺，越飛越高、越飛越遠，消失在北方的天際。

最佳賞鳥時間：每年九月到隔年四月

代表鳥種：黑面琵鷺、裏海燕鷗、大杓鷸

稀有鳥種：魚鷹、黑鳶、日本松雀鷹、赤腹鷹、灰面鵟鷹、東

說明 32：黑面琵鷺跨過季節的門檻，頭頸換上了金黃的繁殖羽，亮麗的色彩，帶給主棲地春日的氣息。

說明 33：三月中旬，主棲地逐漸聚集了幾百隻的成鳥，金黃的長冠羽隨著北風開冠揚起。

說明 34：南風起，幾十隻黑面琵鷺，魚貫的離開主群，走了幾十公尺後又走回來，好像在進行儀式般的來回數次。

方澤鵟、小天鵝、東方白鸛、黑鸛、卷羽鵜鶘、巴鴨、唐白鷺、白琵鷺、蠣鴴、諾氏鷸、琵嘴鷸、半蹼鷸

普遍鳥種：黑翅鳶、紅鳩、珠頸斑鳩、番鵑、小雨燕、翠鳥、小啄木、棕背伯勞、紅尾伯勞、大卷尾、樹鵲、喜鵲、棕沙燕、洋燕、家燕、赤腰燕、白頭翁、極北柳鶯、褐頭鷦鶯、灰頭鷦鶯、鵲鴝、綠繡眼、白尾八哥、家八哥、白鶺鴒、麻雀、斑文鳥、白喉文鳥、小鷿鷉、鸕鷀、黃小鷺、栗小鷺、蒼鷺、大白鷺、中白鷺、小白鷺、黃頭鷺、夜鷺、埃及聖䴉、紅冠水雞、高蹺鴴、反嘴鴴、灰斑鴴、太平洋金斑鴴、蒙古鴴、鐵嘴鴴、東方環頸鴴、小環頸鴴、反嘴鷸、磯鷸、黃足鷸、鶴鷸、青足鷸、小青足鷸、鷹斑鷸、赤足鷸、中杓鷸、大杓鷸、翻石鷸、寬嘴鷸、尖尾濱鷸、彎嘴濱鷸、長趾濱鷸、紅胸濱鷸、黑腹濱鷸、紅嘴鷗、小燕鷗、白翅黑燕鷗、黑腹燕鷗

貳、七股防風林——消失的鳥點

七股防風林位在臺灣最西部突出的尖角，也是縣市合併前臺南縣最西端的陸地，從曾文溪口黑面琵鷺主棲地往西約幾百公尺的一塊綠地。這裡幾十年來一直有一大片將近一公里寬，十幾公頃的木麻黃防風林，最北側有一方長寬各約 10 幾公尺的淡水水塘。

候鳥及過境鳥在遷徙的長遠旅程，越過寬廣浩瀚的臺灣海

說明 35：這隻白領翡翠咬到一隻小螃蟹，停在木麻黃上慢慢享用。

峽，不論是春季的北返，或秋季的南遷，飛越千里的路程，疲憊的雙翼、饑餓的腸胃，當在天空俯瞰到一片綠洲，必定急於停下來休息覓食，七股防風林就擔負起南遷、北返候鳥及過境鳥重要的中繼站。

幾種很難在臺灣發現或極少出現的鳥種，防風林也曾出現。綠胸八色鳥、藍翅八色鳥、八色鳥這三種八色鳥，都在防風林紀錄過；褐鷹鴞、藍歌鴝、日本歌鴝、白領翡翠、赤翡翠、白腹琉璃、白眉地鶇，橙頭地鶇、黃眉黃鶲、紫綬帶、茅斑蝗鶯、北蝗鶯、蒼眉蝗鶯、大杜鵑、紅尾鶲、哈氏冠紋柳鶯、克氏冠紋柳鶯等各種稀有鳥或迷鳥也曾發現。常見鳥有紅鳩、珠

說明 36：春過境時紫綬帶雄鳥長出繁殖期才有的長尾，在防風林裡找蟲吃。

說明 37：迷鳥出現時，全臺鳥友奔相走告，在防風林裡找鳥。

頸斑鳩、小雨燕、翠鳥、小啄木、棕背伯勞、紅尾伯勞、大卷尾、樹鵲、喜鵲、棕沙燕、洋燕、家燕、赤腰燕、白頭翁、極北柳鶯、褐頭鷦鶯、灰頭鷦鶯、鵲鴝、黃尾鴝、赤腹鶇、綠繡眼、白尾八哥、家八哥、黑領椋鳥、灰頭椋鳥、白鶺鴒、東方黃鶺鴒、黑臉鵐、麻雀、斑文鳥、白喉文鳥等。

過境鳥或是屬於迷鳥的稀有鳥種，有時會停留幾天，有時只停留幾小時，或只是驚鴻艷影。迷鳥級鳥種被發現時，鳥友奔相走告，電話、網路或通訊軟體即時聯繫，不消幾個小時，幾十位鳥友扛著拍鳥的重裝備匯集在防風裡來回走上幾百公尺，尋找木麻黃縫裡隨時會離開的飛鳥，動作慢一些的常扼腕無緣見迷鳥一面，那種刺激與過癮，在別的鳥點很難發生。時常有北部鳥友一接到消息，即刻搭高鐵南下，再從高鐵站搭南部鳥友的車或計程車，直奔防風林，抵達時往往遍尋不著目標鳥，難掩失望的背著重裝備再回北部。

曾文溪口七股防風林原本汽車可以到達，但每次颱風侵襲，海水沖刷，木麻黃樹根裸露，海浪交互拍打，逐漸死亡，在短短的五年內海岸線退縮一百多公尺，到最後竟全不見，只剩下一整排消坡塊任海浪拍擊，翠綠的防風林變成滄海，令人唏噓不已。

沿岸的防風林本為候鳥過境時的樂園，但防風林海岸嚴重的侵蝕，國土就這樣消失不見，不但是臺南的損失，也是生態保育的重大損失。

◎溼地三寶

黑面琵鷺、反嘴鴴、高蹺鴴常在溼地環境棲息覓食，可以稱為溼地環境健康與否的指標，有「溼地三寶」的美稱。聚集臺南地區的數量最多，也稱為「臺南溼地鳥類三寶」；隸屬於臺江國家公園的範圍，又稱為「臺江鳥類三寶」。依體型大小，分別是「大寶」黑面琵鷺，「中寶」反嘴鴴，「小寶」高蹺鴴。

說明 38：溼地三寶常一起出現在淺水域，由左而右分別是高蹺鴴、黑面琵鷺和反嘴鴴。

臺灣黑面琵鷺保育學會每年會對南部地區溼地三寶的數量調查，最高數量，黑面琵鷺有2,000多隻，反嘴鴴超過4,000隻，高蹺鴴逼近6,000隻，大部分集中在臺南地區。

黑面琵鷺和反嘴鴴都是屬於稀有冬候鳥，黑面琵鷺在臺灣曾經有疑似交尾、咬巢材的情形，但沒有進一步的繁殖行為，反嘴鴴在北返前有多次交尾紀錄。高蹺鴴幾十年前被歸類為冬候鳥，但最近二十幾年來西部海岸線及農地繁殖情形普遍，目前是屬於普遍冬候鳥及局部地區普遍留鳥。

✎ 溼地三寶　小檔案

【黑面琵鷺】

- 體長65-76cm
- 䴉科
- 一級保育類
- 學名：*Platalea minor*
- 英文名：Black-faced Spoonbill
- 別名：黑臉琵鷺，撓杯、黑面撓杯、飯匙鳥（臺語）
- 遷留狀態：稀有冬候鳥、稀有過境鳥

外形特徵：

雌雄同型。雄鳥體型及嘴喙稍大，扁平如湯匙狀的長嘴，與琵琶極為相似。成鳥全身白色，臉上裸露皮膚黑色，虹膜紅色，嘴喙黑色，皺摺量隨年齡增加。幼鳥及亞成鳥初級飛羽外緣黑色。繁殖羽頭後冠羽變長，和胸前環到頸後的羽毛都有明顯的黃色。

生態行為：

每年九月中旬開始抵達臺灣，隔年三月中旬陸續離臺。常成群於紅樹林棲息，數量可達幾百隻。會集體以長嘴喙撈夾水中魚蝦吞食。2019 年黑面琵鷺全球普查，全球共記錄到 4,463 隻黑面琵鷺，臺灣記錄 2,407 隻，大部分集中在臺南地區，曾文溪口是主要的棲地。近年來都有少數未成鳥滯臺未北返。

【反嘴鴴】

- 體長 44-45cm
- 長腳鷸科
- 學名：*Recurvirostra avosett*
- 英文名：Pied Avocet
- 別名：反嘴長腳鷸
- 遷留狀態：稀有冬候鳥

外形特徵：

雌雄相似。嘴黑色細長向上翹彎，雌鳥嘴上翹的曲度較大，腳灰淺藍色，身體大部份為白色，頭、後頸、背兩側及初級飛羽黑色，飛行時黑白醒目。

生態行為：

常成大群出現在河口、魚塭、水田、廢棄鹽田等水域地帶。覓食時，用向上翹的嘴在水中左右掃動，捕捉小魚蝦、螺、昆蟲、蠕蟲。集體覓食時，以倒栽蔥的方式啄取水中食物；也會成列集體前進取食。北返前，部分個體有交尾行為，但在臺灣仍沒有繁殖紀錄。

【高蹺鴴】

- 體長 35-40cm
- 長腳鷸科
- 學名：*Himantopus himantopus*
- 英文名：Black-winged Stilt
- 別名：長腳鷸、黑翅長腳鷸
- 遷留狀態：普遍 冬候鳥、局部地區普遍留鳥

外形特徵：

雌雄羽色略異。虹膜紅色，嘴黑色細長，頭、頸至腹白色，腳粉紅至紅色。雄鳥繁殖羽背部的羽毛黑色，雌鳥褐黑色。第一年冬羽的個體，顏色較淺，為灰褐色。

生態行為：

棲息在魚塭、鹽田、草澤、水田、休耕田等。細長的腳適合在水域活動，以長嘴掃動或啄食水中小蟲、軟體動物。早期觀察紀錄為冬候鳥，近二十年南部地區，集體在旱田、鹽田或水塘邊營巢繁殖情形普遍，繁殖期從三月到八月，雌雄共同臥巢。雛鳥出生即可隨親鳥自行覓食，遇雨或天冷會躲進親鳥腹下。

第四節　四草溼地

壹、四草溼地

四草溼地位於臺南市安南區，因為過去這裡有大片的「草海桐」植物而得名「四草」。四草地區在二百多年前是屬於臺江內海的範圍，後因水文地理變遷，形成現在的內陸。1996年起「臺南科技工業區」陸續開發完工，四草溼地面積縮減，原有的野生動物及鳥類的棲地有些改變，在相關保育團體奔走努力下，爭取 1,000 多公頃的土地設立「四草野生動物保護區」。

目前的四草溼地以四草野生動物保護區為中心，向外延伸，位置大約在曾文溪、鹿耳門溪、鹽水溪、嘉南大排匯流處之間。溼地除了原來鹽場的廢棄鹽灘外，四周的紅樹林、防風林、魚塭、河口、潮溝和草澤都是鳥類聚集的重要棲地。

四草溼地周邊，令人印象最深刻的景象就屬到處鬱鬱蔥蔥的紅樹林。樹種有海茄苳、水筆仔、欖李、紅海欖等。小路旁、魚塭前後、引水道、溝渠，河口兩側、廢棄的鹽灘溼地四周，紅樹林終年生長，層層疊疊，蓊蔚成林，溼地的留鳥及數以萬

說明 39：四草溼地周邊，每年有數以萬計的冬候鳥造訪。

說明 40：蒼鷺在魚塭的最遠處注視水面很久，終於捕到一隻吳郭魚。

計的冬候鳥有了安全的庇護所。

魚塭的雜草叢裡，常常可以發現栗小鷺和黃小鷺，這兩種小型的鷺科水鳥生態習性相近，時常伸直頸部，佇立在岸邊做出與環境相似的擬態，有時站立或攀在蘆葦上等待獵物靠近，一有小魚、蛙、水生昆蟲靠近時，頭頸如彈簧彈了出去，落空時甩甩頭頸的水珠，繼續再等；抓到小些的魚蝦，嘴喙一開一合，小魚蝦即刻下肚；抓到大一些的魚，往往叼著魚，飛到水塘最遠處安心的享用。蒼鷺在魚塭的最遠處注視水面很久，終於捕到一隻吳郭魚，花了一些時間才調整好吞食的角度。

夏日的高蹺鴴保護區，可熱鬧了。一大群高蹺鴴踩著深粉紅的細長腳，低著頭，輕啄水面的小蟲，相互振翅嬉鬧，發出響亮尖銳的叫聲。高蹺鴴保護區的紅樹林以海茄苳為主，長得不是很密集，露出的泥地上十幾窩的高蹺鴴小生命正在蘊育成長著，親鳥輪流孵蛋、帶雛，遇有驚擾會有激烈的護蛋及護雛行為，集體以「吱～吱～吱～」「吱～吱～吱～」持續不斷的淒厲尖銳叫聲俯衝威嚇、驅趕入侵者，對峙的時間可長達半小時。

秋冬，四草地區臺 17 線兩側魚塭各種雁鴨聚集，一大群有著兩根極長中央尾羽的尖尾鴨雄鳥同步倒栽蔥吃淺水的藻類，露出的長尖尾像是自水裡長出的細草，灰黑色的腳在水面踢啊踢地，像極奧運競賽的水中芭蕾表演；雌鳥一身褐色，自成一小群，在岸旁三三兩兩倒栽蔥或浮在水面吃著水草。琵嘴鴨、小水鴨、赤頸鴨，在另一池悠閒的覓食嬉鬧。排成列的琵嘴鴨在草澤淺灘張著琵琶大嘴，用嘴裡細梳狀的篩板過濾水面的小蟲、浮游生物，兩隻碰頭時，還會用寬大的琵嘴互頂一番。琵嘴鴨雄鳥繁殖羽頭頸深綠色，兩側有金屬光澤，前胸白色，腹部栗色，顏色對比明顯，雌鳥的全身土褐色比不上雄鳥亮麗，但黑褐寬大的琵嘴，在幾百隻鴨群中仍十分醒目。幾隻赤頸鴨雄鳥鼓動翅膀，圍繞在雌鳥旁邊，貫穿額頭到後頸的一道乳黃色，搭配頭頸部的棕紅色，和揚起的水花，在陽光的照

說明 41：赤頸鴨雄鳥鼓動翅膀，圍繞在雌鳥身邊。

耀下，格外亮眼，雌鳥的羽色不若雄鳥鮮明，帶著一身的棕褐色，不理雄鳥的振翅，悠哉的自顧覓食。

一群小水鴨在岸邊分梯次下水，用嘴濾取水邊的藻類，雄鳥頭頸栗褐，有鮮明暗綠色如月形的寬大過眼線，陽光下閃爍不同層次的物理色，臀側乳黃色三角形斑塊跟著步伐左右搖擺，甚為逗趣。雌鳥全身褐色，體型又小，下水後沿岸邊半走半游，走到盡頭又折回，來回幾次後才上岸休息；白眉鴨老躲在遠遠的對岸，像是隱士般，伏著不動，只能透過望遠鏡才能看到這個白眉道人那道延伸到後頸，寬而長的白色眉線，雖半伏在岸上，胸及前腹褐色的規則魚鱗紋與後腹偏白色有細波浪

說明 42：小水鴨雄鳥頭頸栗褐，有鮮明暗綠色如月形的寬大過眼線。

紋的明顯區隔界線仍清晰可見；不常出現的羅文鴨雄鳥大方的游過水塘，雖只有短短的幾分鐘，卻讓長時間的守候有了回報，羅文鴨雄鳥像戴了一頂拿破倫的帽子，這寬大的帽子後頸處還垂著流蘇，整頂帽子以栗紫帶綠色為主，有趣的是在不同角度會有不同的色彩，陽光下可以是深褐、可以是栗紫、可以是墨綠、微逆光處又呈現黑色，雖不是川劇的變臉，卻是溼地的變色鴨，三級飛羽黑白兩色，特化成鐮刀狀長而彎曲，幾乎要蓋過臀側的黃色三角形斑；一群鳳頭潛鴨雄鳥有著黑白分明的羽色，頂著一小撮辮子、聚集在一起，羽色稍淡、辮子稍短的幾隻雌鳥，則分得較散開，這群潛鴨一下子完全潛入水裡，一下子半潛半浮，自在的在水塘正中央嬉鬧覓食。

冬日的鷸鴴科保護區附近，一小群一小群的各種濱鷸、東方環頸鴴、小環頸鴴在灘地自在的休息；道路旁廢棄的鹽灘地、魚塭，總有成群的鷸鴴科在灘地專注的覓食。幾十隻赤足鷸夾雜著幾隻高蹺鴴，遇驚擾突然凌空起飛，聲勢嚇人。

臺 17 濱海公路靠近觀海橋的北邊的兩側的魚塭，常聚隻幾百隻稀有冬候鳥反嘴鴴，突然起飛時，以雷霆萬鈞之勢躍出水面，激烈的左右翻滾，羽背黑白相間兩色，如同在紙上書寫的飛動草書，飛行一圈後，降落在稍遠處的水域，隨即匯集成兩大群，一大群以倒栽蔥的方式啄取水中食物，只露出一大片腹部及幾百隻腳；另一大群成列集體前進，用向上翹的嘴喙在水中左右掃動，捕捉水中的小魚蝦和小蟲。早春時，一小群黑尾鷸停在碧綠的水面，身上赤褐的繁殖羽色，透露出牠們即將北返。

黑面琵鷺是這裡的常客，每年在此度冬的數量有幾百隻。透過望遠鏡，可以看到牠們在淺水裡嬉鬧，或在紅樹林樹稍，張著匙狀的大嘴互咬；一大群飛過藍天時，有著簡潔的美；運氣好的話甚至能親眼目睹一大群頂著金黃繁殖羽的成鳥，就在小路旁的魚塭，集體以長嘴喙撈夾水中的魚蝦。

來四草溼地，不能錯過搭船賞鳥。搭船賞鳥有兩條路線，一條是紅樹林綠色隧道，船順著翠綠映照的水道滑行，穿梭在

說明 43：群聚的赤足鷸夾雜著幾隻高蹺鴴，遇驚擾凌空起飛，聲勢嚇人。

說明 44：一小群黑尾鷸停在碧綠的水面，身上赤褐的繁殖羽色，預告牠們即將北返。

紅樹林圍繞的綠色隧道裡，陽光微微穿透樹梢細縫，光影灑在粼粼的綠波上，岸旁的枯枝停著幾隻夜鷺，凝視水裡的動靜，船來了也不飛走，深怕錯過快要游來的魚：小白鷺在淺灘處，伸著長長的黃綠色腳趾，擾動水底，意圖捕食受驚嚇游動的魚蝦。

另一條賞鳥路線是搭四草臺江之旅的船遊臺江內海，生態解說船先在紅樹林區行走，再行到鹽水溪口，讓冬日的季風吹過臉頰，領略先民在刺骨寒風中搭船出海的滋味。隨著船的移動，視野逐漸開闊，能看到的水鳥也多起來。鸕鷀、蒼鷺，大白鷺、小白鷺、黃頭鷺、夜鷺大概習慣了這場景，若無其事的繼續理羽、休息；各種鷸鴴科在灘地覓食、追逐；一小群黑面琵鷺停在好遠的灘地休息，替河灘增色不少。

除了豐富的水鳥生態外，平地常見的陸鳥也會在此活動，魚鷹、黑翅鳶、紅隼、遊隼等猛禽會在此溼地上空盤繞，尋找獵物，稀有的花雕也曾在此出沒；翠鳥、小啄木不同頻率的吱吱聲不違和的同時出現；褐頭鷦鶯、灰頭鷦鶯一整年都在在紅樹林或芒草叢跳躍；棕背伯勞不分四季，經年都在，還會驅逐體型較小的冬候鳥紅尾伯勞，誰叫牠們都是以捕食昆蟲為主。

四草溼地周圍的臺南科學園區為臺南人帶來工作機會，經濟的發展相對的會分去保育區的土地，但科技、生態旅遊與保育相互結合也為社區發展與自然環境共存帶來新的契機。

說明 45：一大群黑面琵鷺飛過藍天，畫面有著簡潔的美。

說明 46：來四草溼地，不能錯過搭船賞鳥，徜徉在紅樹林圍繞的綠色隧道裡。

47

48

說明 47：搭乘四草臺江之旅的船遊臺江內海，可以欣賞到更多的水鳥。

說明 48：黃頭鷺停在海茄苳樹頂，身上的橘黃羽毛，透露出進入繁殖期。

最佳賞鳥時間：全年。每年十月到隔年四月最高峰。高蹺鴴繁殖期四月到八月。

代表鳥種：黑面琵鷺、反嘴鴴、高蹺鴴

稀有鳥類：花雕、遊隼、花鳧、冠鸊鷉、羅文鴨、紅頭潛鴨、唐白鷺、東方白鸛、黑鸛、白琵鷺、卷羽鵜鶘、黑嘴鷗、琵嘴鷸、諾氏鷸、蒼燕鷗

普遍鳥種：魚鷹、黑翅鳶、紅隼、紅鳩、珠頸斑鳩、番鵑、夜鷹、小雨燕、翠鳥、小啄木、棕背伯勞、紅尾伯勞、大卷尾、樹鵲、喜鵲、灰喜鵲、棕沙燕、洋燕、家燕、赤腰燕、白頭翁、褐頭鷦鶯、灰頭鷦鶯、鵲鴝、黃尾鴝、野鴝、赤腹鶇、綠繡眼、白尾八哥、家八哥、灰頭椋鳥、白鶺鴒、東方黃鶺鴒、黑臉鵐、麻雀、斑文鳥、白喉文鳥、赤頸鴨、花嘴鴨、琵嘴鴨、尖尾鴨、白眉鴨、小水鴨、鳳頭潛鴨、小鸊鷉、鸕鷀、黃小鷺、栗小鷺、蒼鷺、紫鷺、大白鷺、中白鷺、小白鷺、黃頭鷺、夜鷺、埃及聖䴉、灰胸秧雞、白腹秧雞、紅冠水雞、白冠雞、灰斑鴴、太平洋金斑鴴、小辮鴴、跳鴴、蒙古鴴、鐵嘴鴴、東方環頸鴴、小環頸鴴、彩鷸、反嘴鷸、磯鷸、黃足鷸、青足鷸、小青足鷸、鷹斑鷸、赤足鷸、中杓鷸、大杓鷸、黑尾鷸、翻石鷸、大濱鷸、紅腹濱鷸、寬嘴鷸、尖尾濱鷸、彎嘴濱鷸、長趾濱鷸、紅胸濱鷸、黑腹濱鷸、田鷸、燕鴴、紅嘴鷗、小燕鷗、裏海燕鷗、白翅黑燕鷗、黑腹燕鷗

貳、臺南市野鳥學會

「社團法人臺南市野鳥學會」，是臺南市組織健全，歷史悠久的民間鳥會機構，現任理事長是潘致遠醫師。

因黑面琵鷺之槍殺事件、西南沿海水鳥棲地逐漸開發、水雉數量的減少及濱南工業區的開發案等因素，臺南地區的鳥友結合成一股愛護鳥類及保育環境的力量，在中華鳥會與高雄鳥會積極協助，於 1992 年 5 月正式成立「臺南市野鳥學會」。2006年申請為社團法人，變更為「社團法人臺南市野鳥學會」。

說明 49：臺南市野鳥學會活動旗幟色彩鮮明，黑面琵鷺是旗幟上的要角。

鳥會以欣賞、研究、保育為三大宗旨，遠期的目標是：一、督促政府對四草野生動物保護區的經營與管理。二、水雉棲地的營造與復育。三、認養場域，進行環境教育。

多年來進行臺南地區水雉數量普查、臺灣黑面琵鷺的同步普查、四草地區的駐站解說服務等野鳥保育工作，並協助野鳥的救治，十幾年來鳥會志工對臺南市轄區的野鳥救治盡了相當大的努力。

臺南市鳥會長年經營臺南官田水雉生態教育園區，推廣水雉棲地保育、友善農業和環境教育，讓水雉族群有了明顯的成長；每月定期舉行月會活動，邀請對鳥類生態環境專家學者，做鳥類生態演講或活動；不定期賞鳥及鳥種數量調查活動，地點幾乎囊括臺南地區的主要鳥點，如：學甲溼地、三寮灣農地、將軍溪口、將軍農地、水雉生態教育園區、頂山溼地、鹽水溪口、四草溼地、沙崙農場等，並積極參與地方及社區鳥類環境相關社會議題及培訓鳥類志工。

參、臺江鳥類生態館

臺江鳥類生態館位於四草溼地，四草大眾廟旁臺江鹽田生態園區內。所使用的館址是以前臺灣製鹽總廠臺南鹽場辦公室，目前由臺南市野鳥學會認養，開放時間有臺南市野鳥學會的志工提供單筒望遠鏡，讓遊客觀賞附近的鳥類。現場並播放

說明 50：臺灣製鹽總廠臺南鹽場辦公室，現在化身為臺江鳥類生態館。

鳥類生態影片、鳥類標本解說導覽活動、周邊生態解說服務，並由志工提供有關鳥類生態的趣味遊戲，增添賞鳥的樂趣。

鳥類展示館目前展示的標本包括：

一、鳥類標本：黑面琵鷺、大白鷺、小白鷺、夜鷺、大冠鷲、長耳鴞、短耳鴞、黑翅鳶、大彎嘴、小彎嘴、白頭翁、水雉、紅冠水雞、高蹺鴴、翠鳥、赤翡翠、喜鵲、紅尾伯勞、鷹斑鷸、山鷸、東方環頸鴴、小環頸鴴等。

二、鳥巢標本：喜鵲、紅冠水雞、斑文鳥、褐頭鷦鶯、白頭翁、小鷿鷈等。

三、鳥蛋標本：高蹺鴴、彩鷸、紅冠水雞、褐頭鷦鶯、白頭翁、小鷿鷈、八哥、燕鴴、番鵑、小雲雀等。

鳥類生態館周圍是四草溼地的核心地帶，本就是賞鳥的勝

說明 51：鳥類展示館展示的標本包括長耳鴞、短耳鴞、黑翅鳶、黑面琵鷺等二十幾種。

說明 52：來四草溼地賞鳥，有機會看見黑面琵鷺就從你頭頂飛過！

地，除了平時容易觀察的陸鳥，如白頭翁、麻雀、綠繡眼、喜鵲等留鳥外，透過單筒望眼鏡，可以欣賞幾百公尺外黑面琵鷺睡覺、理羽、振翅的姿態，紅樹林上大白鷺、蒼鷺等大型鷺科水鳥的生態行為，並能輕易的在舊鹽灘地找到反嘴鴴、高蹺鴴以及各種鷸鴴科的水鳥。

假日時來到四草溼地，不可錯過臺江鳥類生態館，旅遊、賞鳥的同時，來一趟深度的鳥類生態探究之旅，或許黑面琵鷺就從你頭頂飛過！

第五節　鹽水溪口溼地

鹽水溪發源於臺南市龍崎區，流經關廟區等十幾個區，最終流入臺灣海峽，出海口南岸是安平區、北岸是安南區，全長 41.3 公里，是臺灣二十一條主要河川之一，鹽水溪出海口面積總計超過 600 公頃，出海口附近兩側紅樹林密佈，鷺科和秧雞科鳥類終年在此活動，寬廣的出海口布滿蚵架，冬天到隔年春天時，兩側的灘地在退潮時聚集成千上萬的水鳥，以鷺科和鷸鴴科為大宗。

鹽水溪口溼地賞鳥分為三個主要區域，第一個區域為鹽水溪北岸周邊溼地，包括北岸的紅樹林、附近魚塭及出海口灘地，第二個區域為鹽水溪口紅樹林中白鷺和大白鷺繁殖區，第

說明 53：鹽水溪出海口附近兩側紅樹林密佈，往南就是人口稠密的臺南市區。

三個區域為南岸安平地區，四草大橋東側的湖濱水鳥公園。

壹、鹽水溪北岸周邊溼地

來到府安路七段，南側是鹽水溪堤防，北側是魚塭。魚塭有些廢棄，有部分仍在養殖魚蝦。魚塭周圍長滿苦楝樹、構樹、黃槿、欖仁等臺灣常見濱海樹種，樹下及岸邊雜草叢生，是鳥類最愛的棲息環境。喜鵲、樹鵲、紅鳩、珠頸斑鳩、白頭翁、綠繡眼、白尾八哥等平地常出現的鳥，在魚塭四周飛來飛去。廢棄魚塭的小鸊鷉，在水塘的正中央築了個巢，四周毫無遮避的草叢，真令人擔心 4 個蛋的安危；額甲有紅色斑塊，嘴基為

說明 54：小鷿鷈在廢棄魚塭築了個巢，四周毫無遮避的草叢，真令人擔心 4 個蛋的安危。

鮮紅色的紅冠水雞，張著黃色的長腳趾浮走在岸邊水草上。高蹺鴴在岸邊淺水處，以長嘴掃動水面的小蟲，邊走邊發出尖銳刺耳的吱吱聲；幾隻埃及聖䴉順著草澤邊緣踱步覓食；大白鷺沿著岸邊緩緩前進找尋魚蝦，兩隻碰面時，先是伸直長頸，較量誰個子高，又揮舞翅膀，看似要劍拔弩張大打一架，但相互虛張聲勢幾回合後，又各自飛離。

夜鷺的覓食景象真令人瞠目結舌，一群夜鷺天剛亮就站在水邊注視水面，直到太陽已上竿頭了，牠們還在原地等待機會。說時遲那時快，一條魚游過，夜鷺精準無比地直撲水面，大嘴用力咬合，一條半斤重魚已經在尖銳的嘴緣掙扎。吞食前，嘴喙一開一合地調整角度，直到魚頭朝嘴內，頭一仰，就

說明 55：綠波倒映的幾隻夜鷺，還在繼續等待牠們的大餐。

咕嚕下肚。飽餐一頓後，甕聲甕氣的「嘎啊～嘎啊～」叫兩聲，鼓翅揚長而去。遠一點綠波倒映的幾隻夜鷺，還在繼續等待牠們的大餐。

冬候鳥每年十月陸續進駐，為廢棄魚塭帶來活力。幾隻額甲和嘴為白色，全身石板灰黑色的白冠雞，浮游在碧綠的池子裡，前進時頸部一伸一縮的，十分有趣，覓食時，潛入水裡咬起草根，再啄食草根上的水生昆蟲，有時連草根都吞下。遇危險時，會瞬間躍起，使出全身的力氣，垂直倒立潛入水裡，泛起陣陣漣漪，浮出水面時，已在 10 公尺外的草岸邊了。一群黑面琵鷺不知從哪飛來，飛進藍天，再消失在往北的天際。

一大群尖尾鴨、琵嘴鴨、赤頸鴨、小水鴨在魚塭裡悠游，

說明 56：一群黑面琵鷺飛進藍天，逐漸消失在往北的天際。

說明 57：幾隻尖尾鴨、赤頸鴨在魚塭裡悠游。

偶爾有幾隻挺胸振翅，拍擊水面的聲音清晰可聞，幾百顆揚起的水花像是透明的珍珠，在陽光襯映裡閃著光澤；幾隻蒼鷺擺動著寬大的翅膀從遼闊的水面飛過，振翅緩慢沈重，像極二次大戰的轟炸機，邊飛還邊發出像是未開嗓又感冒的「嘎～嘎～嘎～」聲。

從堤防往鹽水溪出海口望去，幾隻鸕鶿吃飽了，張翅站立在蚵棚上晾翅；從四草大眾廟旁出發，來到鹽水溪口的生態解說船就停在蚵架旁，解說員透過麥克風，仔細的講解水鳥生態及牡蠣的成長過程。棲息在蚵架、紅樹林的大白鷺、小白鷺、

說明58：黃昏時，鹽水溪出海口，臺江國家公園管理處白色建築搭配雲彩夕景，美得令人讚嘆。

夜鷺、黃頭鷺，繼續理羽、休息；灘地上的東方環頸鴴、小環頸鴴、黑腹濱鷸、紅胸濱鷸，若無其事的覓食、追逐或縮頸睡覺。

黃昏時，鹽水溪出海口，除了可以賞鳥外，遠處臺江國家公園管理處白色建築，搭配天邊的雲彩夕景，美得令人讚嘆。

貳、鹽水溪口的中白鷺和大白鷺繁殖

臺灣常見的鷺科鳥類眾多，小白鷺、黃頭鷺、夜鷺在全臺各地都有繁殖行為，而且數量龐大，每年二、三月間進入繁殖季時會混群在紅樹林、木麻黃，竹林或較大的樹林集體營巢繁殖。

鹽水溪出海口北側，紅樹林沿著河道密集生長，覆蓋的寬度超過 100 公尺，這裡紅樹林面積寬廣，和堤防的距離遠，人為干擾少，鷺科水鳥幾十年來早就在此大量集體營巢。每年初春，冬候鳥陸續北返，普遍留鳥夜鷺、小白鷺、黃頭鷺忙著配對、啣巢材、爭地盤、求偶、交尾、生蛋、孵蛋、育雛，紅樹林樹梢總有鳥飛過來，跳過去，幾百隻鳥從早到晚「嘎啊～呱啊～嘎哇…」叫著，粗啞低沈的鳴叫聲聒噪嘈雜，從不停歇，熱鬧非凡。

大白鷺和中白鷺是屬於普遍冬候鳥，唯最近十幾年在鹽水溪河口紅樹林，開始有繁殖行為，而且數量逐年增加。

說明 59：繁殖期，忙碌的黃頭鷺，從紅樹林樹梢飛過。背景是高樓林立的臺南市。

大白鷺及中白鷺繁殖期有諸多相似的行為。公鳥在求偶時會把全身如髮絲的白飾羽，像孔雀開屏般的展示，以吸引雌鳥的注意，形成配對。

配對後的雄雌鳥共同築巢在紅樹林樹枝分叉頂端，巢用枯枝交疊鋪成，雌鳥通常每天生 1 顆卵，每窩約 3 顆，雄雌鳥輪流孵卵，孵卵期大約 3 個多星期，同一窩雛鳥可能相隔 1 天出生，親鳥帶回來的食物如果充足，雛鳥皆可順利成長，如果食物不足，先出生的雛鳥佔有體型的優勢，會獨佔較多的食物，後出生的雛鳥可能會因食物不足，體弱死亡、或掉出巢外餓

說明 60：大白鷺餵食時，雛鳥間索食、爭食的情形競爭很激烈。

說明 61：鷺鷥林棲地的保育，對大白鷺繼續在鹽水溪口繁衍興盛有所助益。

死。雄雌鳥流輪擔負餵食的責任，通常一隻親鳥離開覓食時，另一隻會在巢上護雛。餵食時，親鳥站在巢上張開嘴，雛鳥把嘴喙伸到親鳥嘴裡吃親鳥反芻吐出半消化的魚蝦，雛鳥間索食、爭食的情形競爭很激烈，卡位推擠，看誰能佔到好角度，誰就能吃得多，長得快。幾番餵食後，親鳥明明已吐出所有食物，幾隻幼雛還會像打劫似的合力要硬扳開親鳥的嘴喙，想獲取喉嚨深處最後一點魚漿，親鳥被擠得受不了時，會先跳到巢外，不管幼雛在巢裡嘶啞的哀求。餵食約一個月離巢，離巢後的幼鳥，親鳥仍會在巢外餵食一段時間，等幼鳥學會飛行，就讓牠們自食其力。

民間認為鷺鷥是吉祥的象徵，鷺鷥林能為農民、漁民帶來好運，這個觀念有助於鷺鷥林棲地的保育，對大白鷺、中白鷺繼續在鹽水溪口繁衍興盛也有助益。

參、湖濱水鳥公園

「湖濱水鳥公園」坐落於鹽水溪南堤出海口段，行政區隸屬安平區，位於「安平港國家歷史風景區」的北界。公園現址原本是公有棄土場及違法魚塭，經規劃後興建成為一處遍植林木，綠意盎然的水鳥公園，公園是狹長型，東西向長約 1,800 公尺，南北約 30 至 120 公尺，面積約 9 公頃，並沿著鹽水溪南岸規畫設計出 1,800 公尺的自行車道。豐富的紅樹林生態景觀、自行車道兩側的灌木叢、公園的綠蔭，吸引留鳥、候鳥等鳥類棲息，公園成為自然生態與人文活動的緩衝地帶。並設有寵物運動園區，提供市民與寵物愛好者使用，是一座兼具賞鳥、生態休憩、自行車運動等功能的公園，2008 年曾獲選為優質都市景觀類——建築園冶獎。

公園裡的幾棵苦楝樹果實剛轉黃，喜鵲站在樹梢用粗大的嘴喙咬食，可能是果實不夠成熟，一邊嚐一邊把果實吐掉，吐掉的比吃掉的還多；灰喜鵲成群的在樹蔭下撿食掉在草地上的果實，有時也飛到樹上東啄西啄；樹鵲大波浪的飛行，從一棵

說明 62：從公有棄土場及違法魚塭，經規劃後，搖身變為遍植林木的湖濱水鳥公園。

飛到另一棵，叫幾聲後又飛回來；這 3 種平地鴉科的鳥，難得能停在同一棵樹上，同時發出吵雜粗啞單調「嘎啊～嘎啊～嘎啊～」的鳴叫，稱不上好聽。一小群黃頭鷺在斜草坡上東張西望，偶爾低頭啄食草坡上的昆蟲；幾隻白尾八哥和家八哥像是在玩似的，從兩棵相距幾十公尺的樟樹相互換位置，飛了幾趟後才降落在地磚步道上分頭找食物；和其他都會公園一樣，總有人倒一堆穀類食物餵食鴿子，幾十隻鴿子旁若無人在地上啄食麥片，十幾隻麻雀從樹上飛下來撿現成的食物。一對大卷尾可能在附近築巢，護巢的舉動就是俯衝過路的群眾，幾次還真的撞擊到散步民眾的頭，民眾自然反應的摸摸頭，回頭看看是隻大卷尾，自認倒楣的快步閃開。

從安平樹屋後的堤防沿著自行車步道往西走，幾十則臺語俗諺掛在兩側的木欄杆上，賞鳥之餘可以先讀上幾則。自行車道寬約 2 公尺，兩側長滿了構樹、銀合歡和苦楝樹，林蔭夾道。構樹枝枒上掛滿圓形果實，成熟的紅色球果半裂開，一群綠繡眼在果漿叢裡穿梭，一小口一小口、半吸半啄的享用季節限定的香甜，幾隻白頭翁幾乎是用狼吞虎嚥的啃食的方式，沒幾下就啃掉半顆，也不全部吃完，就開始啄食另一顆。小啄木尖銳的叫聲從遠而近，感覺就在眼前的這棵高大的苦楝樹，卻又遍尋不著，一團黑影從葉叢裡閃過，尖銳的聲音由近而遠，漸至消失。珠頸斑鳩常從銀合歡樹下突然起飛，拍動翅膀的連續霹

說明 63：反嘴鴴身上的黑白兩色，在藍天的襯映裡，顯得特別美。

啪聲響亮，驚嚇到原本停在細枝上鳴叫的褐頭鷦鶯，褐頭鷦鶯莫名的跟著珠頸斑鳩飛到對岸的紅樹林。

鹽水溪河道幾乎長滿紅樹林，接近自行車步道盡頭，漸次能看到露白的水面，最後寬廣的河面完全露出，大白鷺、中白鷺、小白鷺、黃頭鷺和夜鷺突然多了起來，上百隻站在紅樹林和蚵架上；退潮時，溪口露出一大片泥灘地，泥灘地四周，好幾群鷸鴴科水鳥各自忙碌著。一群反嘴鴴飛過海茄苳林，降落在另一側的灘地，身上的黑白兩色，在藍天的襯映裡，顯得特別美；一整個冬天，背羽都是淺淡金黃色的太平洋金斑鴴換上繁殖羽，額、頸側至胸腹側有 Z 字型明顯的白色縱帶，臉側

說明 64：太平洋金斑鴴繁殖羽，由黑、白、金三種顏色組成。

延伸到腹部是亮黑色，對比張烈，覓食時像抬頭挺胸的紳士，趾高氣昂的走幾步，才低頭輕啄一下；體型比太洋金斑鴴稍大的灰斑鴴，才正在轉繁殖羽，腹部只有一抹淺黑，行走時像是剛走出營地的軍人，雄糾糾的挺著胸，看見獵物後低頭啄食幾下，隨即抬頭張望四周動靜，再走幾步，才又繼續啄食。

往更遠的西邊瞧，上百隻黑腹濱鷸、紅胸濱鷸幾乎不曾停下腳步，快速在泥灘地啄個不停；東方環頸鴴、小環頸鴴，則是快走幾步，在灘地繞大圈子，看準目標再輕啄幾下；體型略大的青足鷸，嘴粗長略向上翹，體型略小的小青足鷸，嘴細長且尖銳；在淺水域緩慢行走的赤足鷸，露出亮橙紅色的雙腳；

說明 65：一群身上轉磚紅色繁殖羽的彎嘴濱鷸，在淺水區來來回回找蟲吃。

說明 66：從四草大橋往鹽水溪望去，湖濱水鳥公園綠意盎然。

幾十隻黃足鷸、反嘴鷸、寬嘴鷸來來回回啄食水中的小蟲；一群身上轉磚紅色繁殖羽的彎嘴濱鷸，在淺水區找蟲吃。這些鷸鴴科的水鳥，不斷的在退潮的溪口覓食，直到幾個小時後，漲潮時的河水漸深，才陸續飛往他處，等下一個退潮再回來覓食。

從河口往西眺望就是四草大橋，再往西就是臺灣海峽。來臺度冬的水鳥，忙碌的補充體能，為遷徙做準備。鹽水溪口有豐富多元的鳥類生態，除了本地留鳥一年四季的生態、羽色變化外，每年冬候鳥族群來到時更值得駐足欣賞。春天，黑面琵鷺、鷸鴴科水鳥換上一身金黃、紅褐色的繁殖期彩衣，色彩魅力提昇一個層次時，更應造訪。

最佳賞鳥時間：每年十月到隔年四月。

代表鳥種：黑面琵鷺、反嘴鴴、大白鷺、中白鷺。

稀有鳥類：魚鷹、花雕、東方澤鵟、東方白鸛、白琵鷺、紅頭潛鴨。

普遍鳥種：黑翅鳶、紅隼、鳳頭蒼鷹、紅鳩、珠頸斑鳩、番鵑、夜鷹、小雨燕、翠鳥、小啄木、棕背伯勞、紅尾伯勞、大卷尾、樹鵲、喜鵲、灰喜鵲、棕沙燕、洋燕、家燕、赤腰燕、白頭翁、褐頭鷦鶯、灰頭鷦鶯、鵲鴝、黃尾鴝、野鴝、赤腹鶇、綠繡眼、白尾八哥、家八哥、灰頭椋鳥、白鶺鴒、東方黃鶺鴒、黑臉鵐、麻雀、斑文鳥、白喉文鳥、赤頸鴨、花嘴鴨、琵嘴鴨、尖尾鴨、白眉鴨、小水鴨、鳳頭潛鴨、小鸊鷉、鸕鷀、黃小鷺、栗小鷺、蒼鷺、小白鷺、黃頭鷺、夜鷺、埃及聖䴉、灰胸秧雞、白腹秧雞、紅冠水雞、白冠雞、灰斑鴴、太平洋金斑鴴、蒙古鴴、鐵嘴鴴、東方環頸鴴、小環頸鴴、反嘴鷸、磯鷸、黃足鷸、鶴鷸、青足鷸、小青足鷸、鷹斑鷸、赤足鷸、中杓鷸、大杓鷸、翻石鷸、大濱鷸、紅腹濱鷸、寬嘴鷸、尖尾濱鷸、彎嘴濱鷸、長趾濱鷸、紅胸濱鷸、黑腹濱鷸、田鷸、燕鴴、紅嘴鷗、小燕鷗、裏海燕鷗、白翅黑燕鷗、黑腹燕鷗。

第八章

農田野地

臺南地區的耕地大部分是平原地形，長滿短草的田埂將農地一畦畦分隔，由於土地的使用多屬小農小面積的耕種方式，相鄰的農田，種植、成長或收成的時間總會間隔一段時間，剛好提供鳥類輪流躲藏、覓食、繁殖的多重選擇；農地周圍常有廢耕的大片次生林，長滿構樹、烏桕、茄苳、榕樹等樹種，成熟的果實、枝芽上的昆蟲、不但提供鳥類的豐富的食物，也可以讓鳥類棲息築巢；農地休耕期間，農藥使用量減少，田裡的雜草滋生，昆蟲量增加，各種鳥類自然多了。四季更迭，只要季節對了，留鳥依季節變化在此繁衍後代、飛越千里的候鳥在蓄滿水的水田或剛犁過的農地棲息覓食。春天的鳴啼，夏天的撫育，秋天的遷徙，冬天的飛舞，鳥類的生命樂章就在這片農地上演。

第一節　北門三寮灣農地

三寮灣行政區屬於北門區，是臺南市臨海最北的行政區，往北就是嘉義縣布袋鎮了。三寮灣是濱海的一個小漁村，即現今之三光里。最有名氣的，就是王爺信仰文化赫赫有名的廟宇——東隆宮，廟宇南側興建「三寮灣東隆宮文化中心」，是一座高七層樓的建築，是當地的地標。

三寮灣農地約一百公頃，屬於鹽分地帶，這裡雖不是鹽田，但農地土壤仍帶有鹽分，每年七至十月，當地的農人趁雨季，會把雨水儲存在田裡，也會利用溝渠的灌溉水，或是抽取地下水，特別是颱風帶來的豪雨，讓農地的水位保存半臺尺左右的高度，以便把農田的鹽分稀釋沈澱，鹽分降低後，利於秋季的耕種。蓄水的另一作用是農地不會長雜草，減輕除草的工作，這樣的種植方式已經有幾代的時間。蓄水的這段期間，水棲浮游生物，蠕蟲、螺、小魚、小蝦等自然繁衍，吸引過境的水鳥、侯鳥或當地的留鳥覓食停棲，每年有將近四個月的時

說明 1：水鳥群後的「三寮灣東隆宮文化中心」，是一座高七層樓的建築，是當地的地標。

間，鳥況特別豐富，形成一個熱門的賞鳥點。晚夏至早冬的這段時間，全臺各地賞鳥客，特別是喜歡紀錄水鳥生態的鳥友，不辭辛苦的和這些水鳥一樣，駐足在這小小的村落水田數個月。

五月，農田的作物收成後，站姿優雅，像穿燕尾服紳士的夏候鳥燕鴴尋找田地的下凹處，下了 3 個蛋，蛋的顏色完全和土塊顏色一樣，接近完美的保護色，大概只有親鳥才找得到；腳長體長的留鳥高蹺鴴，也在另一塊田用草莖築了個直徑約 30 公分的巢，生了 4 個蛋，似乎和燕鴴在比賽誰先把寶寶孵出來，梅雨如果延遲些才下，五月底就能欣賞到燕鴴空中抓飛蟲育雛及高蹺鴴帶著幼雛漫步在田間覓食的精彩畫面，雨如果

說明 2：適當的水位，讓三寮灣的農地吸引眾多的水鳥。

說明 3：夏候鳥燕鴴尋找田地的下凹處，下了 3 個蛋。

說明 4：迷鳥級的樹鴨，全身的淺栗紅在水田裡特別顯眼。

早些下，水淹沒了巢位，沖散了蛋，親鳥只好另找高一點的農地，重新再生一窩蛋。

每年梅雨季，農田開始蓄水，水鳥紛紛飛來，漸漸聚集，賞鳥季節，宣告開始。迷鳥級的樹鴨，全身的淺栗紅在水田裡特別顯眼；嘴長筆直，嘴基起三分之二為亮粉紅色，尾巴末端黑色的黑尾鷸，大約在七月就會來三寮灣報到，黑尾鷸在其他溼地大多只有零星分布，但在這裡有時數量會超過百隻。剛到臺灣時，有一半以上的羽色仍有偏紅褐的繁殖羽，胸前橫斑清晰可見。黑尾鷸習慣集體待在同一塊裡，以長嘴伸入水中泥地

說明 5：黑尾鷸在其他溼地大多只有零星分布，但在這裡有時數量會超過百隻。

啄食，主要食物為小螺、甲殼類、軟體動物、昆蟲等，最常看見牠們從水中撈取福壽螺吞食，也算為農民除害。

七月底，緊接而來的是稀有的流蘇鷸，在北歐繁殖的流蘇鷸，雄鳥在繁殖期華麗而多變的繁殖羽令人驚豔，頭、頸、胸有紫、橙、黃、紅褐、黑、白各種流蘇狀蓬鬆飾羽。往南度冬時，會褪去身上的繁殖羽，減少長途飛行時的風阻。但每年總有幾隻雄鳥，頭頂、或身上仍帶有一些尚未完全脫落的繁殖羽，驚奇的飛抵三寮灣，引發賞鳥人守候三寮灣，只為了親眼目睹少量繁殖羽流蘇鷸雄鳥的風采，這些雄鳥大致為頭、頸白色，具黑斑，嘴基橘色，腳橘綠色或橘色。每年來此的流蘇鷸數量都在 10 隻左右，和臺灣其他地區相比，三寮灣的數量算多的。

說明 6：飛抵三寮灣的流蘇鷸雄鳥，身上還有一點點的繁殖羽，吸引賞鳥人爭相拍攝。

說明 7：彩鷸雌鳥顏色鮮豔，一個繁殖季可以和不同的雄鳥生好幾窩蛋。

說明 8：彩鷸雄鳥辛苦孵了二十幾天的蛋，帶著出生不久的 3 隻小彩鷸四處覓食。

八月，冬候鳥逐漸增多，幾隻稀有的半蹼鷸安靜的在田裡東瞧西瞧，偶爾用先端鈍，下嘴喙尖端微微下彎的黑長嘴，深入泥灘啄食。和它長得相似，只是腳是黃綠色的長嘴半蹼鷸也相繼出現；全身只有黑白兩色的反嘴鴴也會在這裡停留幾個月。屬於母系社會的彩鷸，雌鳥鮮豔的羽色，吸引雄鳥的跟隨；

早些配對繁殖的，雄鳥已辛苦孵了二十幾天的蛋，如今帶著出生不久的小彩鷸四處覓食。

兩隻仍帶有紅褐繁殖羽的紅領瓣足鷸，在有綠波的水田覓食，吸引好幾組拍鳥人守候，幾隻只有素白體色冬羽的個體，在水面不停的轉動繞圈，啄食浮起的小蟲，雖然離馬路較近，但樸素的羽色，少有鳥友觀注。八月底至十月是水鳥的高峰期，鷺科、鷸鴴科的水鳥是這裡的常客，大白鷺、小白鷺、埃及聖䴉佔據了整塊水田，水裡的小魚、小蝦、小螺可以讓牠們吃好幾天；體態纖細的小青足鷸，用細尖嘴在水面不斷輕啄；

說明 9：帶有紅褐繁殖羽的紅領瓣足鷸，吸引好幾組拍鳥人守候。

嘴基紅色、整支腳橙紅的赤足鷸，不停地在田裡走來走去；體背暗灰褐色的丹氏濱鷸，體長約 14 公分，不起眼的在泥灘地啄食蠕蟲；長趾濱鷸踩著特長的中趾，和小環頸鴴、東方環頸鴴、紅胸濱鷸混群，在淺水泥地拼命啄食；高眺瘦長，繁殖羽全身黑色，有明顯白眼圈的鶴鷸，還沒褪去全身的黑，就來水田報到。

八月颱風季，引進的西南氣流帶來大量豪雨，水快要淹沒田埂，幾乎所有的水鳥均消失，幾十塊諾大的水田只剩下腳長的高蹺鴴停在田埂，大白鷺、小白鷺站在水域理羽。水鳥哪裡去了？這時，有經驗的賞鳥人，知道水鳥一定飛去三寮灣東側約一公里的溪底寮農田。溪底寮位於同屬北門區的文山國小正前面的農田，沿著國小大門南側的小路進入，經過幾間民宅，眼前的幾十公頃農田水位較淺，腳短的鷸鴴科水鳥，可以有立足之地，安心的在這裡覓食。南部的陽光強烈，農地的水位下降相當快，莫約一個星期，這裡的水就會曬乾，一、二十種水鳥整群又回到水位高度適合的三寮灣，繼續牠們的度冬；這樣短距離遷移，到十月前，有時會發生兩三次。

三寮灣豐富的鳥況，可以在一天內，紀錄到超過三十種水鳥，連明星鳥黑面琵鷺也可以在這裡發現，從 2014 年發現到幾隻後，之後幾年數量持續增加，2017 年最多紀錄到 68 隻。稀有的美洲尖尾濱鷸，混群在幾十隻相同體型及羽色的尖尾濱

說明 10：美洲尖尾濱鷸胸前有整齊分明的切線，常混群在同體型及羽色的尖尾濱鷸裡。

鷸裡，得從胸前整齊分明的切線，才能分辨出來。白琵鷺、彩鸛、水雉等稀有鳥種也偶爾造訪，為三寮灣的鳥種增加紀錄。

十月起的三寮灣，在東北季風的吹拂及陽光的曝曬下，水田乾了，水鳥群陸續遷移到嘉義縣南布袋溼地及附近其它溼地。當地農人開始忙碌起來，曬乾的農田，種植蔥蒜，三寮灣賞水鳥的日子也就結束。一直到隔年二、三月蔥蒜收成前，這裡幾乎看不到一隻水鳥，著實想像不到水鳥季時，水鳥滿天飛的盛況。水鳥在春過境時很少來到這裡，但偶爾仍會有一些驚喜，四月初，東方紅胸鴴會停留極短暫的時間，在凹凸不平的土塊間緩步移動，或伏蹲在深凹處睡覺。乾旱的田，蟲不多，來的鳥都待不久，小雲雀也會來轉幾圈，和東方黃鶺鴒流輪在田裡四處晃，東啄一下、西啄一下；身形苗條修長的白鶺鴒大波浪形的飛來，邊飛邊發出「唧～唧唧～唧～唧唧～」清亮尖銳的叫聲，一降落在田埂，就不斷的上下擺動細長的黑尾巴，像是交響樂的指揮，輕快愉悅的揮舞手中的指揮棒，尾巴搖了幾分鐘，下到田裡快跑啄食地上的昆蟲。

五月起，夏候鳥燕鴴又會回來收成後的旱田繁殖下一代，等待第一場梅雨，氣候更迭，水鳥陸續南下，新的一年精彩的賞鳥季宣告開始。

最佳賞鳥時間：每年七月到十月

代表鳥種：流蘇鷸、黑面琵鷺、彩鷸、半蹼鷸、黑尾鷸

稀有鳥種：樹鴨、白琵鷺、彩䴉、美洲尖尾濱鷸、丹氏濱鷸、東方紅胸鴴、長嘴半蹼鷸、水雉

普遍鳥種：環頸雉、黑翅鳶、紅鳩、珠頸斑鳩、番鵑、小雨燕、翠鳥、棕背伯勞、紅尾伯勞、大卷尾、喜鵲、小雲雀、棕沙燕、洋燕、家燕、赤腰燕、白頭翁、褐頭鷦鶯、灰頭鷦鶯、綠繡眼、白尾八哥、家八哥、黑領椋鳥、東方黃鶺鴒、白鶺鴒、黑臉鵐、麻雀、斑文鳥、赤頸鴨、花嘴鴨、琵嘴鴨、尖尾鴨、小水鴨、小鸊鷉、黃小鷺、栗小鷺、蒼鷺、大白鷺、中白鷺、小白鷺、黃頭鷺、夜鷺、埃及聖䴉、灰胸秧雞、白腹秧雞、紅冠水雞、

高蹺鴴、太平洋金斑鴴、蒙古鴴、鐵嘴鴴、東方環頸鴴、小環頸鴴、磯鷸、青足鷸、小青足鷸、鷹斑鷸、赤足鷸、翻石鷸、寬嘴鷸、尖尾濱鷸、彎嘴濱鷸、長趾濱鷸、紅胸濱鷸、黑腹濱鷸、田鷸、紅領瓣足鷸、燕鴴、紅嘴鷗、小燕鷗、白翅黑燕鷗、黑腹燕鷗

第二節　將軍農地

將軍區位於臺南市西部偏北的濱海地區，將軍溪自本區與北門區的交界入海，產業以農業及漁業為主。胡蘿蔔為本地特產，有「胡蘿蔔之鄉」的美譽。

早期的巷口村、北埔村，現在已經合併為巷埔里，農地位於將軍溪南岸，臺 17 線公路東邊廣達幾百公頃的農地。以種植胡麻、玉米、水稻為主，休耕期種植大豆、田菁、太陽麻、油菜、向日葵等。每年至少一期的休耕期，對農地土壤的復原有利，休耕期間幾乎不使用農藥，田裡蘊育的蚯蚓、昆蟲等初級消費者特別多，屬於消費者頂端的鳥類自然而然的受到吸引，常住或季節性的來這片農地棲息覓食。

環頸雉是這裡農田的住民。初春清晨，細草還掛著春露，天空一抹紅，乍現的曙光照在環頸雉雄鳥鱗狀暗紅豔麗的羽衣上，臉側掛著大紅肉垂，頭兩側的暗紫冠羽略為揚起，頸部暗

說明 11：太陽麻是休耕期的作物，幾乎不使用農藥，田裡蘊育的蚯蚓、昆蟲等初級消費者特別多。

說明 12：初春，乍現的曙光照在環頸雉雄鳥鱗狀暗紅豔麗的羽衣上，光彩奪目。

綠色而帶亮紫金屬光澤，一指寬的白圈在前頸變細而中斷，怎麼看都像是國劇臉譜。雌鳥在毛豆田埂躲躲藏藏，偶爾啄啄身邊的毛豆嫩芽，牠們嬌小的身軀，灰褐的羽色，和雄鳥的華麗高昂，形成強烈的對比。雄鳥不時用略帶沙啞的三音節「謌～謌～謌～」的啼叫聲，展開亮彩羽翼，宣示這是牠的地盤。

一般稱為「啼雞」的環頸雉棲息在平地田野，特別是喜歡躲藏在甘蔗園，後來因土地開發，農藥濫用及獵捕，數量明顯減少，大多出現在大面積的旱作農地上，通常於清晨及黃昏活動，啄食昆蟲、草仔、嫩葉、種子及穀物。甚少飛行，遇危險時會伏身快走，躲入草叢，在開闊地奔跑的速度很快，緊急時會急飛一段距離，落下後躲藏於草叢濃密處。

環頸雉是一夫多妻的繁殖生態，雄鳥固守領域和爭奪雌鳥時會有激烈的打鬥行為，兩隻雄鳥從一開始的對峙、到用爪互抓、用嘴互啄、跳躍到對方身上，往往持續進行十幾分鐘，直到落敗的一方悻悻然離開。

每窩約 10 個蛋，全由雌鳥抱蛋，約 23 天後可孵出。破殼後的雛鳥為早熟性，會跟著雌鳥覓食，四月底、五月初，羽色和農地環境色相同的雌雉，帶著幼雛在田裡啄食土裡的蟲、蚯蚓，一有風吹草動，隱身在草叢裡，或臥在農地的下凹處，藉由和土壤相同保護色，隱匿行蹤。目前在臺灣分布的環頸雉與引進外來亞種之間有雜交情形，野外環頸雉基因污染的情況嚴

說明13：雄鳥固守領域和爭奪雌鳥時會有激烈的打鬥行為，從對峙、用爪互抓、用嘴互啄、甚至跳躍到對方身上。

說明 14：環頸雉的雛鳥為早熟性，會跟著雌鳥在田裡覓食。

重。

晨昏時，黑翅鳶雌鳥自咽喉深處發出微弱幽咽的嘶啞「ㄎㄧ…ㄎㄧ…」拉長音的乞食叫聲，遠處站在電線尋找食物的雄鳥隨即發出像輕柔的口哨聲回應。這裡的農地平坦，適合雄鳥獵捕老鼠。捕獵時，雄鳥張開黑白分明的翅膀，翅端極尖，雙翅常呈上揚大 V 字型，先在空中小繞圈盤旋，發現獵物後，會在空中振翅懸停，用紅色的大眼目視地上的老鼠，分次下降高度並緊盯獵物，最後與地面剩幾公尺時，突然收翅俯衝入農地，起身時，鮮黃的腳趾、暗黑的腳爪多了隻老鼠。雄鳥會抓獵物來討雌鳥歡心，雌鳥吃飽之後，以同意交尾來回報，有時

說明 15：黑翅鳶雌鳥接過雄鳥捕獲的老鼠，準備好好享用。

說明 16：黑翅鳶雌鳥吃飽了，雄鳥隨即躍上雌鳥的背，準備交尾。

一天會交尾好幾次。黑翅鳶也會捕食大型昆蟲、小型鳥類、蜥蜴等，但以獵捕老鼠為主，築巢在5到10公尺左右的樹冠層，每巢2至3隻幼雛，育雛時，雛鳥的食物需求量大，捕捉老鼠的次數更頻繁，據推估，一對黑翅鳶，每年至少捕獵1,500隻老鼠，是猛禽中的捕鼠高手，對防治鼠害有一定的貢獻，真是農人的好幫手。

農地不時傳來棕背伯勞扯開喉嚨「嘎～嘎～嘎～」的叫聲，聲音像是持續顫抖的長音節；大卷尾在更高的電線上發出「啾～嗚！啾～嗚！」的長音，和棕背伯勞互別苗頭；一大群麻雀吱吱喳喳飛來，撿拾掉落在田裡的草籽，一陣風吹來，這

說明17：黃頭鷺捕獲黑眶蟾蜍，飛到隱密的田裡慢慢吞食。

群急噪的小傢伙從田的這頭飛到那頭，不一會兒，又沒事般的啁啁啾啾喧囂飛回來。幾隻灰頭鷦鶯發出臺語「氣死你著賠」「氣死你著賠」細微、卻輕盈婉轉的叫聲，此起彼落，毫無間斷。

農地耕作翻土時，幾百隻黃頭鷺跟在耕耘機後面，爭食隨土壤翻起的蚯蚓，原本躲在草叢裡的蚱蜢、螳螂、澤蛙、黑眶蟾蜍、老鼠都成為這群黃頭鷺的美味佳餚，甚至連小蛇也躲不過黃頭鷺的大口吞食。一隻後頸輪黑色，上頭點滿上百個白斑，像極戴著一長排珍珠項鍊的珠頸斑鳩站在綠竹上發出「咕-咕～咕～」、「咕-咕～咕～」二連音加一長音的聲音，一會兒轉為「咕～咕嚕嚕嚕～咕～」聲，在早春的清新空氣中傳得悠遠。同屬鳩鴿科的紅鳩，體型就小多了，雄鳥背羽的紅褐，後頸的半圈黑項圈，比起雌鳥一身淺褐要亮眼些。紅鳩常停在電線上，繁殖期會盡全力振翅向上衝，雙翅尾羽全開，飛到一定高度後再滑回電線，像極「愛的展示」。一小群紅鳩在田裡一面啄食草籽，一面的發出「咕～嚕嚕嚕～」的聲音，一隻雄鳥豎起前半身的羽毛，走向雌鳥，並且連續不斷向雌鳥點頭鞠躬示愛，雌鳥無動於衷，索性飛走，雄鳥竟像若無其事般，縮起羽毛，繼續覓食。

每年四、五月春過境時，東方紅胸鴴和小杓鷸會造訪將軍濱海農田。東方紅胸鴴是屬於稀有過境鳥，每年四月初報到，雄鳥繁殖羽頭、頸、額幾近白色，胸橙紅色，下緣有寬黑色橫帶；雌鳥繁殖羽，以灰褐色為主。食物為軟體動物、小型昆蟲。常單獨或小群在一塊田來回行走啄食，警戒心強，常抬頭觀察，走幾步再輕啄一下，遇驚擾飛離一段時間後，會飛回原地，在將軍農田停留的時間約一個星期。

小杓鷸是不普遍過境鳥，比東方紅胸鴴晚一個星期左右來，停留的時間約兩個星期。小杓鷸嘴黑褐色，下嘴基略帶粉肉色，嘴下彎，約為頭長的 1.2 倍，頭央線及眉線乳白色，背羽棕褐色，以吃田裡的昆蟲為主，在將軍濱海農田的數量，有時會有幾十隻。

說明 18：東方紅胸鴴每年四月初報到，雄鳥繁殖羽，胸橙紅色，下緣有寬黑色橫帶。

說明 19：小杓鷸嘴下彎，約為頭長的 1.2 倍，以吃田裡的昆蟲為主。

六月開始下起梅雨，農田傳來雌彩鷸「古乎～古乎！嗚～嗚～嗚！」持續的二音節加三音節的叫聲。彩鷸雌鳥比雄鳥稍大而豔麗，頰至胸栗紅色，背銅綠色。雌鳥生完一窩蛋後，會另找別的雄鳥再生一窩蛋，是屬於一妻多夫的保育類鳥種。雄彩鷸羽色以樸素的黃褐色為主，並多雜斑紋，孵蛋育雛的工作全由牠負責，這種生態行為顛覆了人們對鳥類育雛習性的印象。雛鳥為早熟性，出生後不久，就會隨著雄鳥離開巢位，並由雄鳥啄取軟體動物、螺、水中昆蟲餵食。

說明 20：彩鷸雄鳥一身樸素的黃褐色，帶領 4 隻雛鳥走進芋田覓食。

一對紅冠水雞沿著水田邊緣找食物，一群剛出生的雛鳥就坐臥在田埂上，雛鳥身體已長滿毛絨絨的黑色細毛，但頭頂沒幾根毛髮，像是禿著頭的小老人。親鳥啣著小蟲回來餵食時，每隻雛鳥都張著大紅嘴，等著親鳥把小蟲塞在嘴裡，親鳥看到這麼多張嘴，一時不知餵給誰，猶豫了一下才把蟲伸進嘴巴張最大的雛鳥嘴裡。稍遠處的另一窩幼雛大約有兩三個星期大，已能跟著親鳥自行啄食田裡的蟲，看見親鳥咬到大一點的食物，還會快跑到親鳥身邊，張嘴索食；比起紅冠水雞，白腹秧雞就羞怯隱密多了，晨昏時常聽見牠們躲在密叢裡「苦哇～苦哇～苦哇～」拉長尾音持續叫個不停，聲音嘹亮卻哀悽，像是在訴說傳說中悲怨媳婦被虐的故事，遂有臺語「苦雞母」的稱呼。

八、九月颱風季，帶來大量的雨水，田裡短暫積水，鷸鴴科的候鳥陸續來覓食，這裡農田水位下降很快，幾天後水完全乾涸，這些水鳥又全部離開。高蹺鴴和黃頭鷺最能適應這裡沒水的環境，整年都在這裡活動；一對高蹺鴴，帶著 5 隻剛孵出幾天的雛鳥在田裡覓食，親鳥左顧右盼的走在前面，不停地回頭呼喚雛鳥跟上，這5隻小毛頭，展現初生之犢不畏虎的勇氣，往路邊車子的方向走，親鳥的叫聲從原本的細聲輕柔轉而焦噪急切，5 隻雛鳥像是聽懂似的，跌跌撞撞的跟上親鳥，搶著鑽進親鳥的懷裡。

說明 21：5 隻高蹺鴴雛鳥，搶著鑽進親鳥的懷裡。

入冬，每年都有幾隻紅隼會在農地出沒，有時在天空巡弋，有時停在田埂，眼前的這隻紅隼雌鳥，除保有猛禽的銳利目光外，動作倒也平靜，和道路保持 30 公尺的距離，左右轉動脖子，注視可能的危險。幾隻灰鶺鴒不認識這隻鳥類的殺手，在牠週圍跳躍，一隻赤腰燕還飛過紅隼頭頂不到一公尺的高度，兩隻大卷尾站在田邊的瓜架上，開始俯衝騷擾這隻紅隼，起先紅隼只是仰頭看看，最後經不起大卷尾的輪流侵擾，倏忽的飛起，無聲無息、優雅的飛向東側的玉米田，身影越來越小，最後消逝在灰白的天際。

季節更迭，農人使用農地也有季節性的耕種方式。農人春耕時種植當令作物，種植前先翻土除草，而進入繁殖季的黃頭鷺，跟在耕耘機後面，一塊田接著一塊田的移動，努力的翻找田裡的食物，為繁衍下一代而努力；依附農地生存繁衍的環頸雉、黑翅鳶、棕背伯勞、喜鵲等留鳥，也開始繁忙的生殖週期；入秋後，收成後的農地再次翻土，黃頭鷺褪去身上的橙黃，以一身潔白的冬羽，再次跟在耕耘機後面，和依附農田生存的鳥兒一樣，為了度冬而覓食。農作物從播種到收成，留鳥也繁衍出下一代，候鳥來來回回，一批批輪流當田裡的過客，農地的留鳥、候鳥生態群相，伴隨著農地的春夏秋冬，而有年復一年的遷留循環，而且將再持續下去。

說明 22：春季時，黃頭鷺跟著耕耘機，一塊田接著一塊田的移動，為繁衍下一代而努力。

最佳賞鳥時間：每年四月到九月

代表鳥種：環頸雉、黑翅鳶、彩鷸、東方紅胸鴴、小杓鷸

稀有鳥種：水雉、跳鴴

普遍鳥種：紅隼、紅鳩、珠頸斑鳩、番鵑、夜鷹、小雨燕、翠鳥、小啄木、棕背伯勞、紅尾伯勞、大卷尾、樹鵲、喜鵲、小雲雀、棕沙燕、洋燕、家燕、赤腰燕、白頭翁、棕扇尾鶯、褐頭鷦鶯、灰頭鷦鶯、鵲鴝、藍磯鶇、綠繡眼、白尾八哥、家八哥、黑領椋鳥、灰頭椋鳥、白鶺鴒、東方黃鶺鴒、黑臉鵐、麻雀、斑文鳥、白喉文鳥、小鸊鷉、黃小鷺、栗小鷺、蒼鷺、大白鷺、中白鷺、小白鷺、黃頭鷺、夜鷺、埃及聖䴉、灰胸秧雞、白腹秧雞、紅冠水雞、高蹺鴴、太平洋金斑鴴、東方環頸鴴、小環頸鴴、磯鷸、白腰草鷸、青足鷸、小青足鷸、鷹斑鷸、赤足鷸、黑尾鷸、翻石鷸、寬嘴鷸、尖尾濱鷸、長趾濱鷸、紅胸濱鷸、黑腹濱鷸、田鷸、燕鴴、白翅黑燕鷗、黑腹燕鷗

第三節　歸仁沙崙農場

沙崙農場位於臺南市歸仁區沙崙地區，農場附近的另一個地標是臺南高鐵站，這個地區除了高鐵站及高速鐵路軌道建築外，農場及農場周邊建築物少，是屬於低建築、少開發的農業地區。

農場屬於臺灣糖業公司，總面積超過 950 公頃，早期以種甘蔗為主，後來臺糖轉型，從 2002 年開始大面積種牧草，使用面積約 100 公頃，牧草用於飼養牛羊，收成時，頗具規模的「捲牧草」田野風光，吸引遊客攜家帶眷圍觀拍照。約有 230 公頃的農地出租給農人大規模種植鳳梨、西瓜。其餘 500 多公頃屬於造林地。

沙崙農場大面積的林地、農地是鳥類最好的棲息地，生存躲藏的昆蟲是鳥類最好的食物來源，農場裡鳥類種類及數量極為豐富，光是屬於候鳥的猛禽就有花澤鵟、東方澤鵟、東方蜂鷹、赤腹鷹、蒼鷹、短耳鴞，遊隼、紅隼等，留鳥的猛禽有大

說明 23：環頸雉鳴啼時黑白相間的長尾羽翹得高高的，振翅停止的瞬間，身體會往上躍起。

冠鷺、鳳頭蒼鷹、黑鳶、黑翅鳶，甚至瀕臨絕種一級保育類的草鴞每年都會在此出沒。賞鳥人能在短短的幾個小時內，輕輕鬆鬆觀察到二、三十種鳥種。根據臺南市野鳥學會統計，沙崙農場的鳥種數，已有 129 種，保育類有 28 種。

和沙崙農場畫上等號的鳥種首推二級保育類的環頸雉，這裡是臺灣西部平原最容易觀察到環頸雉生態行為的地方。賞鳥人最喜歡在環頸雉求偶期的三、四月，在綠草連綿的廣大農地尋找牠。此時正逢初春，天氣逐漸轉暖，蟄伏整個冬季的雄鳥換上全新的彩衣，走幾步就鼓動全身黑紅白層次富麗的羽翼，趾高氣昂的鳴啼幾聲，十幾公尺外的另一隻雄鳥，不甘示弱的

說明 24：一對環頸雉走在綠草地，雄鳥的豔麗、雌鳥的黃褐，羽色對比明顯。

也在耀眼陽光下鳴啼，粉紅、烏黑相間的長尾羽翹得高高的，振翅停止的瞬間，身體還往上躍起，落地後聳起全身的羽毛左右擺動了十幾秒，讓體型看起來更龐大，原來是有幾隻雌鳥瑟瑟縮縮的躲在稍長的草叢裡啄草籽吃，才讓雄鳥如此賣力的鳴啼。

行經兩旁種滿西瓜田的小路，耳朵充斥著小雲雀清脆中帶有悠揚嘈雜的叫聲。身長只有 15 公分的小雲雀，全身以土褐色為主，體型、顏色和麻雀差不多，最常在草地、農地啄食小蟲。雄鳥求偶期，常會豎起頭頂的黑褐短冠羽，邊飛邊鳴唱，幾近垂直的顫動雙翅，衝向天際，在定點懸停幾秒鐘後，隨即

說明 25：小雲雀常會豎起短冠羽，一邊尋找食物，一邊鳴叫。

說明 26：站在西瓜上的小雲雀，注視著前方的動靜。

快速降落，這種飛向空中的行為，得到「半天鳥」或「半天仔」的美名。

配對後的小雲雀，一起在空曠的草地、西瓜田啣乾草築巢，通常 1 巢有 3 至 5 個蛋，孵卵期約 12 天，雛鳥約在 10 天後離巢。親鳥孵蛋或育雛期間，不會直接飛進巢，而是先停在巢位附近左右觀望，確定沒有天敵時再進巢。沙崙農場這裡的小雲雀數量多到數不清，特別是繁殖期的三到六月，整個農場像是被牠們佔領似的，農地裡，草地上，甚至空中的拍翅鳴唱，到處都有。

農田的牧草田，每隔二十公尺，豎立一公尺高的噴水器，這樣的高度，剛好讓喜歡站在高處捕食飛蟲的大卷尾、棕背伯勞、紅尾伯勞利用，有時每支噴水器都各站一隻鳥，離開一會兒的、或慢來的，還得上演爭奪戲碼。牧草區鳥況豐富，形成一幅由下而上垂直空間的鳥類圖像：一群小雲雀分散在短草地啄食小蟲；長草地，幾對環頸雉雄鳥帶著雌鳥仰頭啄食草籽；幾十隻家燕、洋燕、赤腰燕只飛得比草略高，來來回回快速捕食肉眼看不到的小蟲；一公尺高的噴水器站滿大卷尾、伯勞鳥虎伺眈眈地盯著草地上的一舉一動，伺機捕捉稍大的昆蟲；幾隻愛振翅飛翔的小雲雀，像特技演員似的，常常飛在十公尺的高度懸停一會兒，再俯衝而下；更高處，時而出現的黑翅鳶，展開懸停幾十秒的真功夫，盯著田裡的老鼠，準備施展高明的捕食技術；路過的大冠鷲，在更遠更高處，張開寬大的雙翅巡航。

用耳朵聆聽，形成的聽覺饗宴是：小雲雀唱著嘹亮婉轉的小調，開啟並持續整段鳴唱合奏；環頸雉雄鳥「嘓～嘓～嘓～」低沈雄壯的啼叫，如同鼓皮鬆脫的打鼓三連音；燕群「吱～吱～吱～吱～吱～吱～」不曾停歇，有節奏的邊飛邊叫；大卷尾發出像拉動古老琴弦的「鳩伊～鳩伊～」叫聲；棕背伯勞先模仿樹鵲「嘎～嘎～嘎～」叫幾聲，轉個聲調，如銀鈴般的呢喃幾個音節，又轉個調，自己就能二重奏，圓潤悠揚唱了一小曲，曲調悠揚輕快；來自空中的大冠鷲，發出巡航時特有的「攸～

說明 27：站在噴水器上的大卷尾，準備捕食飛蟲。

說明 28：灰胸秧雞警戒心強，在草地上漫步找蟲時，常左右觀望。

說明 29：白尾八哥站在一顆西瓜上東張西望，這也是沙崙農場特有的景。

說明 30：稀有的東方紅胸鴴單獨在剛翻過的農田找蟲吃，雖只停留幾天，也為農場帶來小小的驚喜。

攸～」聲，像是提琴只拉了幾下，停了一會兒又拉幾下，聲音有時由近而遠，有時又由遠而近。這樣的交響樂，一直持續到太陽下山才慢慢停止。

生性怕人、不太容易發現的灰胸秧雞、棕三趾鶉偶爾會在草地上覓食，遇到驚擾即躲進長草區；小環頸鴴找了個田邊一小片碎石地，生了 3 顆蛋，蛋的顏色和小碎石幾乎一樣，這麼好的環境保護色，讓牠們能在這裡生育下一代。

白尾八哥、家八哥喜歡站在西瓜上東瞧西看找蟲吃；喜鵲、白頭翁、麻雀、斑文鳥、紅鳩、珠頸斑鳩、番鵑、黃頭鷺等常見的鳥，一年四季都會在此活動。過境期，稀有的東方紅胸鴴、跳鴴會單獨或小群在草地上、剛翻過的農田找蟲吃，雖只停留幾天，也為農場帶來小小的驚喜。

沙崙農場幅員廣闊，不論在草原區，鳳梨、西瓜種植區，或是造林地，蘊育的鳥類資源極為豐富，是臺南極為重要的鳥類棲地，期待這片土地能持續保留，讓鳥類也有屬於牠們的永久農場。

◎沙崙西瓜愛啼雞（環頸雉）

連續幾年，臺南鳥會和沙崙農場守護聯盟等保育團體在每年三、四月份舉辦「賣西瓜救環頸雉」活動，每次都引起極大的迴響，現場並有定點生態解說，鳥會解說員備有望遠鏡，並

說明 31：臺南市鳥會每年舉辦「沙崙西瓜愛啼雞」活動，吸引不少民眾前往。

邀請友善環境的農家到現場販售「友善環頸雉西瓜」。

「友善環頸雉西瓜」是西瓜田的農夫不毒鳥、不用鳥網防止環頸雉及其他鳥類啄食西瓜，並且不撿拾環頸雉在田裡的蛋，協助保護環頸雉順利育雛。瓜農賣了西瓜，現場民眾一邊挑瓜、當場享受現剖冰涼西瓜的香甜，又可以一面賞鳥，每一位遊客都能欣賞雄環頸雉從草原走過，鼓翅鳴叫，宣示領域；或看見牠們為了爭地盤及配偶，大打出手。

最佳賞鳥時間：每年三月到七月

代表鳥種：草鴞、環頸雉、小雲雀

稀有鳥種：東方紅胸鴴、跳鴴、灰胸秧雞、朱鸝、黃鸝、漠䳭

猛禽：花澤鵟、東方澤鵟、東方蜂鷹、赤腹鷹、鳳頭蒼鷹、蒼鷹、短耳鴞，遊隼、紅隼、大冠鷲、鳳頭蒼鷹、褐鷹鴞、領角鴞、黑鳶、黑翅鳶

普遍鳥種：竹雞、棕三趾鶉、紅鳩、珠頸斑鳩、番鵑、小雨燕、翠鳥、小啄木、棕背伯勞、紅尾伯勞、大卷尾、黑枕藍鶲、樹鵲、喜鵲、棕沙燕、洋燕、家燕、赤腰燕、白頭翁、棕扇尾鶯、褐頭鷦鶯、灰頭鷦鶯、黃尾鴝、小彎嘴、綠繡眼、白尾八哥、家八哥、白鶺鴒、大花鷚、黑臉鵐、麻雀、斑文鳥、大白鷺、中白鷺、小白鷺、黃頭鷺、夜鷺、白腹秧雞、紅冠水雞、灰胸秧雞、太平洋金斑鴴、東方環頸鴴、小環頸鴴

第九章

公園

公園是都市之肺，提供人們休閒運動最好的去處，尤其對人口稠密地區的居民言，更是不可或缺。栽植的花草樹木，讓人們享受公園綠蔭、欣賞花草的同時，植物的果實、花草葉片也是昆蟲的食物，有了昆蟲，鳥就來了，猛禽有了穩定的食物，也就在都會公園住下來，年年繁育後代。

說明 1：公園的大樹，是鳥類在都會區重要的棲息處。

第一節　臺南公園

臺南公園是由北門路與公園路，公園南路與公園北路圍成的大公園，舊名中山公園，老臺南人稱為大公園，面積約 15 公頃，1917 年開園，已開園 100 年，是臺南最古老的公園。代表性的老樹包括 1645 年荷蘭人引進的金龜樹及 18 世紀種植，可能是全臺最大棵的菩提樹。園內燕潭是一個大池，常年有水，楊柳環繞岸邊，池中種植蓮花等水生植物，部分水鳥會在此活動，燕潭的池中央設有念慈亭，一座曲橋連貫兩岸，漫步橋上，可以坐涼亭、倚曲橋、賞水鳥。臺南公園前身是日本熱帶實驗林，林區遍植各種針葉、闊葉類大樹，林相多樣，木本植物超過 100 種。常綠的高大喬木、低矮灌木讓公園終年綠

說明 2：園內燕潭是一個大池，常年有水，楊柳及各種闊葉類大樹環繞岸邊。

意盎然，喬木落下的枯葉覆蓋滿地，讓昆蟲有躲藏之處，也是鳥兒翻找食物的好地點。近年來引進非常多品種的花卉，一年四季都能欣賞到各式花卉，成為南部最亮眼的花卉公園。園區另有兒童遊樂區、表演臺、噴水池、假山、音樂臺以及臺南市中山兒童科學教育館及警察派出所等設施。

園內雨豆樹優美的傘狀樹冠，覆蓋著綠意；羅望子粗壯的樹幹，要兩個人才能環抱；羊蹄甲蔚然成林，春日開花，滿樹桃紅，這些林木，茂密的枝葉，提供鳥類最佳的停棲之所。鐵刀木高大雄偉，葉片是淡黃粉蝶的食草，夏日滿樹的草綠幼蟲，是鳥兒美味的佳餚；苦楝樹的花雖小，配上一樹新綠倒也淡雅，秋日滿枝枒的金黃果實是白頭翁、樹鵲的餐點；大王椰子參入天際，喜鵲最愛在樹上築巢；近百歲的鳳凰木有過幾十

說明 3：珠頸斑鳩，不畏公園裡人車往來頻繁，在草地啄食。

說明 4：洋燕在燕潭周圍來來回回穿梭， 飛累了就停在曲橋的白色欄柱頂端休息。

年的夏日豔紅，如今只能勉強在盛夏之末，稀稀落落的開上幾朵，懷念曾有過的風華，每年在樹上的幾窩珠頸斑鳩，在老鳳凰木的見證下，不知傳過多少代。幾隻親鳥在樹下，繞著步道及草地啄食，和散步的遊客擦身而過時，只是轉個覓食方向，也不飛走。

幾十隻洋燕在燕潭周圍來來回回穿梭，不但能沿著彎曲的橋面自在的飛，還能瞬間穿過橋下與水面不到幾十公分的空隙，低飛掠過水面時，快速靈活地張嘴喝水，幾乎沒有揚起任何漣漪，這種特技般的飛行技巧，令人看得瞠目結舌；幾隻飛累了就停在曲橋的白色欄柱頂端休息。

燕潭兩側，五色鳥「嘓～嘓～嘓～」的叫聲從不間斷，一隻五色鳥把身體縮成綠色小砲彈，無預警的飛越 100 公尺的燕潭，中間翅膀只收放了幾次，就鑽進高大的樹林裡。燕潭東側的一根枯木，五色鳥挖了一個洞，築了個巢，五色鳥親鳥咬了果實，準備鑽進巢裡餵雛。

公園裡常會出現比麻雀還小的過境鶲科鳥種，灰斑鶲、寬嘴鶲、黃眉黃鶲算是常客，幾乎每年或隔年就會發現，連夏候鳥紅尾鶲也會造訪，這些鶲科鳥類大都單獨活動，覓食模式是

說明 5：一隻五色鳥親鳥咬了個果實，準備鑽進巢裡餵雛。

說明 6：黃眉黃鶲停在樹枝上注視眼前的飛蟲，準備乘機捕食。

停棲在樹側突出的枝頭，緊盯著空中飛行的小蟲，再以極快的飛行速度飛出捕食，蟲如果很小就在空中直接吃掉，蟲若是稍大則飛回原處慢慢吞食。體態細長的極北柳鶯是柳鶯科最常見到的冬候鳥，常來來回回在榕樹枝枒上跳躍找毛毛蟲吃，一邊還發出「唧、唧、唧」尖銳快速的聲音，或是「唧唧～唧唧～」粗啞的短促叫聲。

鳳頭蒼鷹在臺南許多個公園都曾發現並有繁殖紀錄，臺南公園是最容易近距離觀察牠們的地方。有時就停在靠近大馬路邊的樟樹橫枝上，旁若無人的打起盹，一睡就個把小時，睡飽了再慵懶地伸伸雙腳，張開腳爪抓抓癢，或張翅揮動兩下，還

說明 7：鳳頭蒼鷹停在靠近大馬路邊的樟樹橫枝上，看著樹下的人來人往。

會和樹底下過往的遊客對望幾眼，如果休息夠了就振翅飛離，在公園四周尋找獵物。

靠近中山兒童科學教育館旁寬約 5 公尺的排水溝，終年都有水，水還算乾淨，鳳頭蒼鷹常來水溝裡喝水洗澡，每當鳳頭蒼鷹飛來時，原本在樹上鳴叫跳躍的綠繡眼、白頭翁、麻雀、紅鳩、樹鵲，逃命似的一哄而散，深怕自己是下一個受害者，倒是水溝旁的黑冠麻鷺，根本不把體型不相上下的鳳頭蒼鷹放在眼裡。黑冠麻鷺仍然一動也不動的持續獨自盯著草裡的動靜，專注的程度好像只要用凝視的雙眼，看穿草地，就能直接用銳利的眼神拉出土裡的蚯蚓般。

說明 8：準備洗澡的鳳頭蒼鷹，用銳利的眼神左右來回掃射四周環境。

剛飛來的鳳頭蒼鷹站在不到半尺深的水裡，用銳利的眼神左右來回掃射了幾遍，確定沒有危險，才低頭含水，再仰頭吞水，喝了幾口水後，緊接著把身體半浸泡在水裡，胸腹的羽毛濡溼了幾秒鐘後，尾羽開始不停的翹上翹下，張開翅膀用力的往水裡上下拍動，振翅的節奏不快，但振幅極大，發出「啪、啪、啪～」的聲響，激起的水花濺得好遠，除了帶給自己一陣沁涼，想必是要把身上的寄生蟲、灰塵通通甩掉，足足洗了兩三分鐘後，站起身用左右腳輪流抓抓頭、頸和前胸，猛力的上下左右抖動全身，水珠成放射狀噴出，還沒等羽毛全乾，45度角的往林子裡飛去，彈飛的振翅聲驚動了在水溝旁的黑冠麻鷺，還側著頭，用睥睨眼神往水裡看了一眼，再緩緩的把頭轉回去，繼續盯緊牠的草地。四周原本鴉雀無聲的，突然間又吱吱喳喳啁鳴起來，原先在這裡的小型鳥類，不知是摸透鳳頭蒼鷹的作息時間，像定時器一樣，時間一到就知道準時回來，還是派了哨兵在旁邊監視，鳳頭蒼鷹前腳才剛離開，幾十隻鳥馬上飛回來。

臺南公園讓都會區的人們有休憩的去處，依靠公園生存的鳥有個安穩的家，人與鳥各取所需；對愛鳥賞鳥的人，也有機會就近和鳥有眼神及心靈交會的地方。

代表鳥種：鳳頭蒼鷹、五色鳥、黑冠麻鷺

稀有鳥種：烏鶲、灰斑鶲、寬嘴鶲、黃眉黃鶲，紅尾鶲
普遍鳥種：紅鳩、珠頸斑鳩、翠鳥、小啄木、棕背伯勞、紅尾伯勞、大卷尾、黑枕藍鶲、樹鵲、喜鵲、洋燕、家燕、赤腰燕、白頭翁、極北柳鶯、褐頭鷦鶯、灰頭鷦鶯、鵲鴝、白腰鵲鴝、赤腹鶇、綠繡眼、白尾八哥、家八哥、黑領椋鳥、灰頭椋鳥、麻雀、斑文鳥、白喉文鳥、小白鷺、黃頭鷺、夜鷺

◎城市三俠——白頭翁、綠繡眼、麻雀

白頭翁、綠繡眼、麻雀這三種都會區常見的鳥被稱為「城市三俠」、「都市三俠」或是「城市三劍客」。城市三俠早已適應人類城市的生活，城市公園綠地如果多些，城市三俠的數量就會多些。因此城市三俠數量的多寡也可以當做是都市生態環境是否健康的一個指標。

白頭翁，臺語稱為「白頭殼仔」，體長約 19 公分，臺灣普遍留鳥。頭頂有一塊白色羽毛，因而得名白頭翁，體背至尾黃綠色，喉白色，胸汙白色。常於枝頭鳴叫，叫聲有時是重複單調的「嘎～嘎～嘎～」單音節的單調叫聲，有時為連續的「啾～啾～啾～啾～啾～啾～」明亮清脆聲音，音調富有高低變化，繁殖期會有快速振動翅膀、高舉雙翅的求偶行為，並使盡全力「啾～啾～巧克力～巧克力～巧克力～啾～啾～」的鳴唱，除主旋律之外，又可發出次音域的鳴唱，節奏明快，聲音

高亢婉轉。常成對或成群活動，以種子、果實、植物嫩芽為食，會啄食農作中的木瓜、草莓、番茄、柿子、蕃石榴等水果，也愛吃榕果。築巢於離地不高的樹叢裡，巢像一個碗，用芒草築成，一窩約 3 至 4 個蛋，孵蛋期約 2 週，育雛期約 12 天，親鳥輪流孵蛋育雛，育雛期以動物性的食物為主。

綠繡眼，臺語稱為「青笛仔」，體長約 12 公分。臺灣普遍留鳥，全身以亮黃綠色為主，胸腹灰白色，有白色眼眶。常成群活動，鳴叫聲清細優美、婉轉悅耳，大致為「嘰依～嘰依～嘰依～」尾音拉長的持續聲，繁殖期雄鳥為急促「嘰～嘰～嘰～…」，多隻一起鳴唱時，像多音節的小夜曲重奏，細雜中又能聽出其中的獨奏。常於枝頭跳躍，嬌小可愛，輕盈靈巧，能倒立尋找小蟲吃，也吃植物果醬，花季時會吸食花蜜。築巢於樹枝分叉處，巢像剖一半的網球，用芒草蜘蛛絲編成，精緻可愛，一窩約 3 至 4 個蛋，孵蛋期及育雛期各約 12 天，親鳥輪流孵蛋育雛，育雛時以昆蟲、昆蟲幼蟲、蜘蛛等動物性的食物為主，餵食頻率極高，每次餵食完，會在巢邊等雛鳥翹起屁股排便，親鳥再把長橢圓形的糞囊啣走，飛到遠一點的地方丟棄，以免糞便汙染巢位，並避免天敵尋味道找到雛鳥，離巢後會在巢外附近樹上再餵食約一週。

麻雀，臺語稱為「厝鳥」，體長約 15 公分。臺灣普遍留鳥，頭紅褐色，臉頰白色有黑斑，體背大致為紅褐色，羽軸黑色。

說明 9：白頭翁頭頂有一塊白色羽毛，體背至尾黃綠色，喉白色，胸汙白色。

說明 10：綠繡眼全身以綠色為主，常於枝頭跳躍，嬌小可愛，喜歡吃植物果醬，也會吸食花蜜。

叫聲為吵雜清亮短促而富變化的「嘰、嘰、嘰」聲，有時是平淡的「吱～吱～吱～…」聲，很多隻一起鳴叫時，聽起來就是混雜的吱喳吱喳聲。常會利用乾土堆、泥沙，扭動身體、振動羽毛進行沙浴，以除去身上的寄生蟲，短距離移動時，會以跳躍的方式前進。以禾本科植物種子、穀類為食，甚至吃人類丟棄的穀類食物，稻子成熟時，幾百隻成一大群啄食稻穀，也會啄食其他農作物，讓農人極為頭痛，千方百計加以驅趕，人鳥大戰每年都上演。育雛時，餵雛鳥大量昆蟲及幼蟲，對控制昆蟲的數量有很大的助益，算是對農人及人類有所貢獻。啣乾草築巢於屋簷、住宅建築物的縫隙、排氣管、鐵門罩裡、也會利用樹洞或赤腰燕的舊巢，一窩 4 到 6 個蛋，孵化及育雛期各約

說明 11：麻雀以吃禾本科的種子為主，也會撿食人們丟棄的食物。

2 個星期，親鳥輪流孵蛋育雛，全年都可以繁殖，幾乎是有人、有建築物的地方就有牠們的蹤跡。麻雀衍生的諺語及歇後語特別多，如「麻雀雖小，五臟俱全」、「麻雀飛到旗杆上一鳥不大，架子倒不小」等，足見麻雀是適應人類環境最成功的鳥。

第二節　東寧運動公園

東寧運動公園位於臺南市區東寧路與林森路二段交叉口，四周的道路車水馬龍，公車、小汽車、機車的引擎聲轟隆轟隆，得走進公園的核心區，才能遠離塵囂。公園裡不怕人的籠中逸鳥——白腰鵲鴝已在這裡建立領域，任何時間來都能看到，常

說明 12：白腰鵲鴝已在公園建立領域，任何時間來都能看到牠。

來公園運動的民眾，秀出手機的照片，得意的拉著賞鳥人，口沫橫飛地指著前方的老榕樹，重覆的說了好幾次，牠在欄杆上停了半小時，還常常翹起長尾巴，任憑他拿手機怎麼拍，牠就是不飛走，仔細一看，這隻白腰鵲鴝果然四平八穩的停在欄杆上面休息，幾分鐘後，跳入落葉堆裡，仔細的翻找出碩大肥美的毛毛蟲，費了好大的勁才把牠吞下，連續翻找出 2 隻毛毛蟲後，又跳上剛才站立的欄杆，旁若無人的打起盹來。

五色鳥是這裡的常住民，大榕樹旁的好幾個枯木樹洞，有牠們在這裡繁衍多年的痕跡；白頭翁、綠繡眼和麻雀，這城市三俠當然不能缺席，在眼前跳來跳去；樹鵲、喜鵲「嘎～嘎～嘎～」焦噪的叫聲是公園裡最響亮的鳥叫聲，在樹冠上不停鳴叫，每幾分鐘就跳到樹下的落葉叢找蟲吃，常常翻不到什麼吃的，嘎叫兩聲後，又跳回樹梢，一個早上就看牠們這樣玩了好幾回。小啄木一面「吱吱吱～吱吱吱～」叫，一面繞著欖仁樹的樹幹及側面的枯木兜圈子，不停的啄著樹皮、或內凹的小樹洞，偶爾啄到蟲子，仰頭吞下。

幾隻黃頭鷺不知從哪裡飛來，在北側的一大片短草地上踱步找蟲吃；家八哥和白尾八哥混群，像小跟班似的跟在黃頭鷺的背後，黃頭鷺被遊客驚擾飛走，家八哥和白尾八哥也跟著起飛。

鳳頭蒼鷹是這裡常見的猛禽，常在樹林裡飛繞，發出和口

13

14

說明 13：小啄木繞著枯木兜圈子，不停的啄著內凹的小樹洞。

說明 14：籠中逸鳥家八哥在野外有大量的族群，飛行時翅膀上的白斑塊十分明顯。

哨聲幾乎一樣的長鳴叫，很難想像這樣外表兇悍，眼神銳利，足以獵殺和自己體型接近鳥類的猛禽，叫聲聽起來那麼輕柔，第一次聽到牠聲音的人，可要失望了。和臺南市的許多都會公園一樣，鳳頭蒼鷹在這裡也有過繁殖紀錄，運氣如果夠好，還能看到鳳頭蒼鷹在高大的樹上交尾的精彩畫面。交尾時，雌鳥站在橫枝上，身體往前傾，和雄鳥發出「吱一～吱一～」的對鳴，雄鳥飛到雌鳥旁還沒站穩，立刻跳到雌鳥的背，持續擺動翅膀保持平衡，雌鳥趴得更低配合著雄鳥張開翅膀，兩雙翅膀前後左右交錯揮舞，一面交尾，還一面繼續鳴叫，交尾結束後，雄鳥頭也不回的飛離，雌鳥則繼續站在原處，聳羽理毛，左顧右盼，整個交尾過程大約只有短短的 10 秒鐘。

公園的這些普鳥，在拍鳥人的心中，只是閒暇或賞鳥淡季時殺時間的去處。

2018 年 4 月，有「鳥界法拉利」之稱的稀有過境鳥赤翡翠，造訪東寧運動公園，一開始鳥訊相當保密，只有臺南地區幾個鳥友拍到，怕鳥訊一公開，湧入的人潮會給赤翡翠帶來壓力。但是在通訊軟體的普及下，沒幾天鳥訊就傳開，鳥友爭相走告，來自臺灣南北的鳥友蜂湧而至。

翠鳥科的赤翡翠體長約 25 公分，有明亮鮮紅的大嘴喙和全身鏽紅的羽色，連腳趾都呈現亮麗紅色，在樹林中飛過就像顆紅寶石從眼前閃過，因此被鳥友暱稱為「會飛行的紅寶石」。

說明 15：臺灣南北的鳥友蜂湧而至，仰拍停在高處的赤翡翠。

說明 16：赤翡翠全身赤紅色，有鳥中「法拉利」的稱號。

赤翡翠冬季在東南亞一帶避寒，每年四、五月會北遷到日本及中國大陸繁殖，過境臺灣時大部份棲息在溪邊雜木林，以河岸旁魚蝦、昆蟲、小型節肢動物、蝸牛和蜥蜴為食。

這隻赤翡翠造訪東寧運動公園時，正值公園的大樹陸續開花，吃花蜜的金龜子及蛾佈滿花叢，正好提供赤翡翠過境時所需的食物，只是樹木高大，花叢也開在高處，鳥自然只會在樹冠層東飛西竄，這可苦了每日來拍照的人，高仰角拍攝真是個挑戰。不過只能遠遠觀察拍攝也算是好事，一方面讓這隻難得的稀有過境鳥，有更大的空間覓食休息，儲備再次漂洋過海的體力；一方面讓一次拍不好的鳥友能再來一次，達到東寧「運動」公園運動的效果。

只要有綠樹讓鳥棲息、同時有足夠的食物提供給鳥吃，不管是稀有鳥還是普鳥，總有機會來公園，也讓賞鳥、拍鳥充滿驚喜。

代表鳥種：鳳頭蒼鷹、五色鳥、赤翡翠、白腰鵲鴝

普遍鳥種：紅鳩、珠頸斑鳩、翠鳥、小啄木、棕背伯勞、紅尾伯勞、大卷尾、黑枕藍鶲、樹鵲、喜鵲、洋燕、家燕、赤腰燕、白頭翁、極北柳鶯、褐頭鷦鶯、灰頭鷦鶯、鵲鴝、綠繡眼、白尾八哥、家八哥、灰頭椋鳥、麻雀、斑文鳥、白喉文鳥、黃頭鷺

第三節　巴克禮公園

巴克禮公園位於東區崇明里，是一座以紀念英籍巴克禮牧師而命名的生態公園，總面積約 9 公頃。曾獲得全國十大優良公園，國家卓越建設獎，並於 2007 年榮獲全球卓越建設獎公共建設類優選。公園與臺南市文化中心隔著一條馬路，連成的大片綠地，有生態廊道連接的擴散效應，也讓巴克禮公園形成兼具文藝氣息與環境生態的優質公園。公園東側有一個長寬約 20 公尺的水塘，水塘周圍的落羽松，早春到盛夏，綠蔭盎然；秋冬時節，葉片轉紅，為公園增添幾分顏色。

園區有流水貫穿，水生植物生長茂密，柳樹沿著水岸生長，翠鳥的吱吱叫聲時有所聞。遍植的綠樹，種類繁多，小葉欖仁超過五層樓高，鳳頭蒼鷹每年在樹冠層築巢。靠近南側另有生態復育區，維持最好的自然生態環境，繁衍更多的昆蟲，形成的食物鏈，吸引本地留鳥長住、過境候鳥停棲覓食。

翠鳥是這裡的住民，經常站立在落羽松下的苦楝樹枝條，睜著明亮反映著水波的大眼，注視水面的動靜，短細的腳幾乎撐不起身體的重量，卻又能像彈簧似的瞬間彈射出去，縮成砲彈狀的身形，俯衝入水面，激起了一陣水花，在水裡一百八十度轉了個身，奮力振動雙翅，離開水面時，嘴裡多了一條小魚，飛快的站回原來的枝條。有時抓到的魚蝦大了些，還會咬著獵

說明 17：水塘周圍的落羽松秋冬時節，葉片轉紅，為公園增添幾分顏色。

說明 18：園區有流水貫穿，柳樹沿著水岸生長，翠鳥的吱吱叫聲時有所聞。

物，用力的左右甩頭，把魚蝦摔在樹枝上，把獵物甩暈之後，調整魚蝦頭朝內的吞食角度，慢慢吞下。每年三、四月翠鳥繁殖季時，會在池畔上演精彩的求偶交配戲碼，嘴喙全黑的雄翠鳥和下嘴喙像是塗了豔紅色口紅的雌翠鳥，會先後來到平常抓魚的樹枝上，雄翠鳥表現殷勤的方式是觀察水裡小魚的動靜，衝入水裡捕到魚，起身站回橫枝後，調整魚頭朝外的角度，平常看起來支撐不了身體重量短小的腳，此時卻能靈活地橫向移動靠近雌鳥，把魚餵進早已張著大口的雌鳥口中，還未等雌鳥吞食完，雄鳥張開翅膀跳上雌鳥的背，在搖搖晃晃中，速迅完成交配，前後交配的時間不到 10 秒鐘，這種交配行為一天有時會有好幾次。這對翠鳥早已習慣人來人往的人群，只要不驚擾牠們，和人的距離往往只有幾公尺，常來公園的民眾及鳥友，笑稱巴克禮公園這對翠鳥是全臺灣最乖的，還給了牠們一個暱稱——「小乖」。

說明 19：翠鳥經常站立在樹枝上，睜著明亮的大眼，注視前方的動靜。

小啄木在彎曲河道旁的枯死柳樹挖洞築巢，也引起賞鳥人連續幾天的守候，怕過度干擾親鳥餵食，鳥友及公園管理單位還拉起封鎖線，讓親鳥能順利育雛。

原本只棲息於低海拔林地或溪畔，頂著亮藍黑色冠羽的黑冠麻鷺，近年來也會出現在都會公園，常有對鳥類不熟的民眾，拍到照片後，上網提問，是網路詢問度最高的鳥種，由於牠不怕人，有時近到用手機都可以拍得一清二楚，鳥友會戲稱牠為大笨鳥。黑冠麻鷺行走時，有時會把胸前黃褐的羽毛撐開來，以波浪式左右擺動，警戒時會伸長脖子擬態成周圍的環境，主要以蚯蚓為主食，也會吃昆蟲。在巴克禮公園，運氣好時，甚至會在人來人往的步道旁草地，看見牠用尖嘴咬著蚯蚓，蚯蚓宛如橡皮筋被拉長一倍，以還在土裡剩餘的身體和黑冠麻鷺拉扯，幾秒鐘後，抵擋不了巨大的拉力，像拉至極限的橡皮筋，一下鬆開，縮彈到黑冠麻鷺的嘴邊，成為美味的點心。

公園常有民眾餵食松鼠、鴿子，這兩種在都會公園大量繁衍的物種，成了平地猛禽鳳頭蒼鷹常獵捕的食物，不虞匱乏的食物來源也是鳳頭蒼鷹能落腳在許多大型的公園重要原因，形成所謂「野生動物都會化」的情形，黑冠麻鷺和鳳頭蒼鷹是最明顯的例子。鳳頭蒼鷹頭部大致為鼠灰色，頭後有一撮冠羽，因被稱為「鳳頭」蒼鷹。巴克禮公園高大的小葉欖仁樹，每年都有牠們繁殖的紀錄，育雛期間需要大量的食物，平時的獵捕

說明 20：羽色仍有些黑褐斑駁的黑冠麻鷺幼鳥用尖嘴咬著蚯蚓，被拉長一倍的蚯蚓極力的抵抗。

說明 21：黑冠麻鷺成鳥羽色以紅褐色為主，頭頂、後枕的黑褐色冠羽是鳥名的由來。

說明 22：鴿子在都會公園大量繁衍，成了平地猛禽鳳頭蒼鷹常獵捕的獵物。

行為也很頻繁，獵物除了鴿子、松鼠外，也常捕獲珠頸斑鳩、紅鳩、麻雀、樹鵲、老鼠、攀木蜥蜴等，捕獲獵物後，會用腳爪攜至隱密的樹叢，一口一口用嘴喙撕裂，慢慢吞食。繁殖時，一巢通常會孵出兩隻雛鳥，育雛初期，親鳥會把獵物撕成條狀，咬給雛鳥吃，等雛鳥稍大時，親鳥會把獵物丟在巢中，讓幼雛自己撕咬。幼鳥離巢後，親鳥會再餵食一陣子，同時教導捕獵的本領，幾星期後，幼鳥必需離開親鳥的領域，擴散至其他地區。

沿著公園步道繞圈散步，「都市三俠」白頭翁、綠繡眼、麻雀有時成群的跳到眼前，有時像玩捉迷藏似的只在樹梢跳躍；喜鵲、樹鵲站在高高的樹叢「嘎～嘎～嘎～」叫，趁沒人時，飛下來翻啄步道旁落葉裡的果實、小蟲，人走過時不情願的飛上樹冠叢，又「嘎～嘎～嘎～」的叫著；二、三月木棉花開時，紅、橙、黃大朵多蜜的喇叭形花，在枝頭綻放，吸引已經在野外繁殖多年的外來種灰頭椋鳥把頭伸進花朵享受這份甜蜜，平常只吃蟲的小啄木也趁這時節，品嘗這份香甜，白尾八哥、家八哥更是呼朋引伴的直接站立在花朵旁好幾分鐘，一口又一口，滿足的吸著花蜜，這早春的美食餐廳，足足開了好幾個星期，讓公園的野鳥，天天大飽口福。

西側欖仁樹下，紅鳩、珠頸斑鳩東一對、西一對的在草地上找尋枯枝條，只見牠們啣了又放，放了又啣，一直拿不定主意的挑了好久，才啣起一根不起眼的彎曲小枝往上飛，仰頭一看，不到 3 公尺的樹枝分叉處，果然有一個只用 10 多根小樹枝編織的巢，透過巢縫還能看見天空，鳩鴿科築的巢，都是這樣的簡單，真讓人耽心巢裡的蛋或雛鳥會不會滾落下來，因為這樣的隨性築巢，颳起大風，雛鳥很容易落巢，每年被送到野鳥學會或野鳥救治單位的雛鳥，紅鳩及珠頸斑鳩非常多。

公園南邊，是巴克禮公園生態多樣性更豐富的區域，這裡的榕樹枝葉茂盛，氣根形成的支持根盤根錯結，鬱鬱森森，一大片的雜草野花叢刻意保留，以維持更原始自然的風貌，有利

說明 23：褐頭鷦鶯咬著蟲，準備餵食巢中的雛鳥。

說明 24：灰頭鷦鶯鳴叫聲富有變化，接近臺語「氣死你得賠～」。

於昆蟲、蝴蝶的滋養生息。遊客只能在寬約一公尺的木棧道行走，對棲地環境的干擾又降到最低了。黑枕藍鶲一年四季都在這裡「回～回～回～」的叫著，不停地在榕枝上跳躍，找蟲吃。

灰頭鷦鶯、褐頭鷦鶯在半人高的草上來回跳著，有的在尋找適合的築巢草莖，有的忙著抓蟲育雛；斑文鳥，體型雖小，但憑藉著幾十隻的數量，在長草區的中心地帶佔有一席之地，不斷地在搖晃的細草上用圓錐形的嘴喙咬食草籽；外來種的鵲鴝和白腰鵲鴝佔據了公園一角，清亮婉轉的聲音，的確讓人印象深刻；冬候鳥黃尾鴝每年都會準時報到，雄鳥腹部的橙紅太明顯，站在哪根樹枝，都容易被發現，雌鳥全身褐色，隱藏在林子裡，如果不動，還真難發現；春秋過境時，稀有鳥種，為公園帶來了一波賞鳥熱潮，紫綬帶的造訪，讓賞鳥人扛著長鏡頭在木棧道穿梭，只為了一探那全身的藍紫；黃眉黃鶲一道黃眉及腹部的鵝黃，顏色雖鮮豔，但隱入樹叢也不容易找；傳說中的銅藍鶲，身穿一襲藍衣，稀有度最高，每次都如一縷藍煙飄過，每年都只有幾個鳥友短暫看過。

來巴克禮公園除了可以賞景、賞鳥外，豐富的螢火蟲生態及水生動植物生態也值得一探。這裡充沛的水源、面積廣闊的草地、一整片的榕樹及低密度的人工設施，蘊育出多樣的生態食物鏈，鳥類的生態網必定能持續下去。

代表鳥種：鳳頭蒼鷹、黑冠麻鷺、翠鳥、小啄木

稀有鳥種：銅藍鶲、紫綬帶、黃眉黃鶲

常見鳥種：紅鳩、珠頸斑鳩、小雨燕、紅尾伯勞、黑枕藍鶲、樹鵲、喜鵲、洋燕、家燕、赤腰燕、白頭翁、棕扇尾鶯、極北柳鶯、褐頭鷦鶯、灰頭鷦鶯、鵲鴝、白腰鵲鴝、黃尾鴝、藍磯鶇、赤腹鶇、綠繡眼、白尾八哥、家八哥、灰頭椋鳥、麻雀、斑文鳥、白喉文鳥、小白鷺、黃頭鷺、夜鷺、紅冠水雞、白腹秧雞

第十章

丘陵地周邊與水庫

臺南最高的大凍山標高 1,241 公尺，幾個靠山的行政區大部分是淺山丘陵地，竹林和闊葉林是主要樹種，農業的開發主要以種植果樹為主，大面積的青山綠林地帶有利於鳥類的棲息繁衍。

水庫周邊的崇山峻嶺，植物群相多樣，食物鏈衍生的生物面貌豐富多元，食物鏈頂端的鳥類最愛聚集在這樣的環境，種類繁多的鳥類生態行為有可觀之處。

第一節　虎形山生態公園

臺南市虎形山生態公園位於龍崎區崎頂里，龍崎國小旁。地理位置屬於新化丘陵與嘉南平原交界處，因山形有如老虎盤踞，所以有個響亮的地名「虎形山」。

這裡的海拔只有大約 110 公尺，公園面積超過 5 公頃，花木扶疏，有著整片的天然竹林，種植的相思樹、欖仁樹、小葉欖仁、黑板樹、桃花心木、柚木等樹木，蔚然成林。園區是屬於常綠闊葉林生態林相，每年三、四月桃花心木落葉翩翩，伴隨成熟的紅褐色翅果種子，如旋轉的竹蜻蜓自空中隨風四散飄落時，別有一番風情。

園區內有 2 座吊橋及幾座涼亭，其他人為的建築物不多，幾道流水緩緩流過，丘陵的邊緣，低矮的灌木叢層層疊疊，滿谷的草叢、野花，豐富多樣貌的植物，讓螢火蟲、蝶、蛾、昆蟲等自然繁衍，也蘊藏豐富的鳥類資源，是賞鳥人一年四季都可造訪的賞鳥勝地。

來到公園，臺灣特有種五色鳥的「嘓～嘓～嘓～」、「嘓～嘓～嘓～」一連串鳴叫聲不絕於耳，雖看不見身影，但五色鳥身上藍黑黃綠紅亮麗的色彩，即刻浮現在腦海。尋著五色鳥像極敲木魚的鳴叫聲，往茂密的相思林裡找，費了好大工夫，才在葉縫裡看到牠躲藏的身影，身上亮彩的顏色，是鳥類少見的，難怪會被戲稱為「森林的花和尚」。這麼鮮豔多層次的彩衣看似好找，但只要稍一眨眼，視線一離開，或者是鳥略微左右移動一下，就會失去蹤影。

側門蜿蜒小徑的兩側，大片竹林終年翠綠，白頭翁在竹林的中下層嬉戲，從竹林的那頭，跳到這頭；小彎嘴畫眉在枝椏密林裡找東西吃，找著找著，站在橫枝上，「郭～郭～郭～」、「古歸～古歸～古歸～」鳴叫起來，同伴也隨即呼應了幾聲，這幾隻小彎嘴畫眉繼續沿著邊坡，邊叫邊找蟲吃，消失在密叢裡。

大彎嘴畫眉常常只聞其聲未見其影，「救～苦～救～

說明 1：園區內的林木大都和入口處的這棵高大的桃花心木般，參入天際。

說明 2：採花蜜的大鳳蝶和其它的蝶、蛾、昆蟲等自然繁衍，讓虎形山生態公園有多彩多姿的動植物自然生態，蘊藏豐富的鳥類資源。

說明 3：五色鳥身上藍黑黃綠紅亮麗的色彩，和像敲木魚的鳴叫聲，被戲稱為「森林的花和尚」。

說明 4：小彎嘴畫眉站在橫枝上「郭～郭～郭～」、「古歸～古歸～古歸～」鳴叫。

苦～」透亮的鳴叫聲響徹山谷，任憑你往聲音處死命的找，只能看見一團黑影在林子裡晃動，不容易看見牠長長的大彎嘴，更不用說能看見牠的廬山真面目；腹部鮮黃色的灰喉山椒鳥雌鳥，用嘴喙在嫩葉裡拉出一條毛毛蟲，自在大方的跳在斜枝條上，把嘴裡的蟲猛力地往樹枝表面左右甩動，摩擦掉蟲體上的剛毛後，迅速的吞食，再跳到較高處的嫩葉叢，左顧右盼的繼續找蟲吃。

沿著木棧步道拾階而上，白環鸚嘴鵯、白頭翁、紅嘴黑鵯

說明 5：灰喉山椒鳥雌鳥，把蟲在樹枝左右甩動，摩擦掉蟲體上的剛毛後，再吞食。

說明 6：朱鸝分布在淺山的邊緣環境，雄鳥明亮的紅黑兩色，甚為醒目。

在枝頭上跳上跳下，一對朱鸝在桃花心木和榕樹上跳躍；翠翼鳩突然跳到路面，還沒停好腳步，又往斜坡飛走；綠繡眼、樹鵲在樹林中四處跳動找蟲吃。

黑枕藍鶲「回～回～回～」像吹口哨的清脆聲音在步道的另一側響起，雄鳥全身的湛藍在陽光下散發出的寶藍色物理光澤相當醒目，頭頂的大黑斑塊、頸下的黑橫帶，黑得發亮的眼睛，上下嘴喙周邊有鬚，就像是長了鬍鬚的藍色小精靈不小心在身上沾了幾筆黑色染料。雌鳥就黯淡樸實多了，全身大致為藍褐色，連頭頂、前頸的黑也不見。配對後的黑枕藍鶲每年都會在樹枝的交叉處，用枯葉、苔蘚為主要巢材，再以蜘蛛絲纏繞成上圓下尖的漏斗形狀巢，通常一窩3個蛋，雄雌輪流孵蛋、育雛，從孵蛋、破殼到離巢大約25天，在這麼短的時間要成功撫育下一代，著實忙碌辛苦。

鳳頭蒼鷹都能在城市的都會公園年年繁殖，低海拔的虎形山生態公園，當然少不了牠們棲息繁衍。

鳳頭蒼鷹在天上盤旋的時間不長，常常是在疏林裡一閃而過，或只有在空中小繞一小圈，但來自空中的巨大猛禽大冠鷲

說明7：鳳頭蒼鷹雄鳥外出捕獵時，雌鳥在巢中保護雛鳥。

可就不同了，特別是在林緣地帶，幾乎每天都能看到牠在藍天裡繞著大圈子巡弋領域或尋找獵物的英姿。讓人想起龍崎國小「竹鷹」繪本裡描述的那隻被救傷放飛的大鷹。

蕭瑟的秋冬季節，鳥鳴明顯減少，喜鵲和樹鵲仍會在樹上跳躍，鳴叫聲也有氣無力的「喀啊～喀啊～喀啊～」叫幾聲；中海拔的白耳畫眉偶爾會降遷到低海拔的淺山活動，讓賞鳥人有意外之喜；大彎嘴畫眉、小彎嘴畫眉鳴叫聲明顯減少，本來就不容易發現，現在更難看見牠們的身影；鳩科中的紅鳩、珠頸斑鳩過了繁殖季，數量也少了，倒是翠翼鳩常冷不防的跳到

說明 8：大冠鷲在藍天裡繞著大圈子巡弋牠的領域，翼上有明顯的白色橫帶。

說明 9：春夏時光，領略淺山野林陽光穿透林梢之美，也可聆聽鳥類鳴唱的美妙歌聲。

落葉堆裡找食物。得再等幾個月，等春夏時光，群鳥求偶鳴叫繁殖的美好季節來臨，找個好天氣，沿著環山步道走，再來領略淺山野林中各種森林小精靈四處鳴唱飛翔之美。

最佳賞鳥時間：每年三月至八月

代表鳥種：五色鳥、朱鸝、灰喉山椒鳥、大彎嘴、小彎嘴、鳳頭蒼鷹、大冠鷲

稀有鳥種：白耳畫眉

普遍鳥種：竹雞、金背鳩、紅鳩、珠頸斑鳩、翠翼鳩、翠鳥、小啄木、棕背伯勞、紅尾伯勞、大卷尾、黑枕藍鶲、樹鵲、喜鵲、洋燕、家燕、赤腰燕、白環鸚嘴鵯、白頭翁、紅嘴黑鵯、褐頭鷦鶯、灰頭鷦鶯、鵲鴝、黃尾鴝、赤腹鶇、繡眼畫眉、綠繡眼、白尾八哥、家八哥、灰頭椋鳥、白鶺鴒、東方黃鶺鴒、麻雀、斑文鳥、白喉文鳥、小白鷺、黃頭鷺、夜鷺、黑冠麻鷺、白腹秧雞、紅冠水雞

第二節　關仔嶺與周邊丘陵

臺南白河關仔嶺，自百年前就是泡泥漿溫泉的好地方。1957 年，臺南音樂人吳晉淮譜出了「關仔嶺之戀」這首歌，紅遍歌壇，直到今日來關仔嶺的遊客有些還會特地尋舊一番，順道參訪市定三級古蹟名剎大仙寺和碧雲寺。

關仔嶺另一個被鳥友津津樂道的是豐富的鳥況。特別是棲息在山靈水秀碧雲寺旁的幾十隻山麻雀，每年都吸引不少全臺的鳥友來拍攝紀錄。

麻雀，大家都耳熟能詳，印象就是叫聲聒噪，在住家田園四處跳躍，一年四季都可看到。但山麻雀，是住在山裡的麻雀嗎？住在淺山裡是對，但卻是另一種麻雀。山麻雀體型和麻雀相似，但臉頰沒有黑斑塊，雄山麻雀頭、背部紅褐色，雌山麻

說明 10：從碧雲寺往山腳眺望，滿山翠綠的林木正是鳥類喜愛棲息的環境。

說明 11：山麻雀體型和麻雀相似，但臉頰沒有黑斑塊，雄山麻雀頭、背部紅褐色。

雀有淺黃色眉斑，頭、背灰褐色有白斑。由於山區墾殖狀態嚴重，農藥使用過量、林相破壞、樹木砍伐過多，導致山麻雀數量減少。山麻雀在 2008 年列為保育類鳥種，臺灣的數量可能不到 1000 隻，在臺灣比黑面琵鷺還稀少。臺南能看到的區域以曾文水庫為中心區域，三至七月繁殖期，則以關仔嶺最容易觀察。不同於麻雀以屋簷、建築縫隙築巢，山麻雀以孔洞築巢，常利用五色鳥、小啄木的舊巢、電線桿孔洞、泄洪道牆上的排水孔也是山麻雀利用的理想巢洞。孵蛋及育雛各約 2 個星期，幼鳥離巢後，親鳥在巢外再餵食 1 個星期左右，幼鳥就可自力生活。山麻雀不像明星物種黑面琵鷺引人注意，也不像水雉有

說明 12：這隻山麻雀雌鳥咬食物準備餵雛；雌鳥有黃色眉斑，頭、背灰褐色具白斑。

漂亮的羽色受人垂愛，但山麻雀這一級保育類的鳥種，在臺南的棲地保育及數量的監控，是個重要課題。

碧雲寺周圍的山谷坡地樹木種類繁多，低矮灌木叢、禾本科野草遍布，大花鬼針草開滿路徑兩側，植物、昆蟲、鳥類形成的食物生物鏈多彩多姿。

赤腰燕常在道路轉彎處的小泥灘用嘴輕挖泥土，泥土塞滿嘴後，輕鬆優雅的往村落飛，想必是在附近哪戶人家的屋簷下築葫蘆形的泥巢；廁所屋簷角落一對洋燕在此築了個碗形的巢，5 隻雛鳥把頭趴在泥巢邊，形成一個圓弧形等親鳥餵食。四月，飛蟲正多，2 隻親鳥來來回回在空中以高超的飛行技巧，沿著邊坡、或在低空中繞圈捕食小飛蟲，回巢餵食時，5 隻雛鳥早已仰起頭，把黃口撐到最大，吱吱吱的不停叫著，等著親鳥把一嘴的蟲塞在嘴裡；五色鳥成天「嘓～嘓～嘓」的叫不停，每年繁殖完的舊巢，成了隔年山麻雀現成的巢；大卷尾在電線上以細草，築了密實的巢，親鳥交班孵蛋時還在站在巢旁，彷彿在交待什麼細節似的。

小彎嘴畫眉戴著天生的黑色眼罩在竹林裡跳動，邊找昆蟲，邊大聲鳴叫；有著紅嘴紅腳、身上羽毛黑得發亮的紅嘴黑鵯小群的「喵～喵～」、「嘰嘰喳喳」叫個不停，在樹這頭吃吃嫩芽，又飛到另一棵樹上找蟲吃，沒幾分鐘又飛來幾小群，匯集的數量多到 50 幾隻後，嘈雜的叫了好一陣子，才往山谷

說明 13：大卷尾在電線上以細草，築了密實的巢。

說明 14：身上羽毛全黑、紅嘴紅腳的紅嘴黑鵯，在樹上咬到一隻蟬。

飛，消失在墨綠的遠山裡。

除了平地常見的紅鳩、珠頸斑鳩外，有著鏽紅色羽緣的金背鳩是低海拔鳩鴿的代表鳥種，金背鳩又名山斑鳩，體長約35 公分，比珠頸斑鳩略大，兩者的生活習性相似，喜歡在草地找穀物、果實、植物嫩芽、草籽吃，也會吃小型的螺類。在這個低海拔的山區，金背鳩的數量比珠頸斑鳩更多，更容易發現，有時突然從梢樹竄出，成對的飛過，降落在眼前的草坡，自在的悠遊漫步啄食，有時會停下來，站直上身、鼓起上胸和喉部的羽毛，發出低沉「咕～咕～咕嗚呼、咕～咕～咕嗚呼」的叫聲。

野鴝是不普遍的冬候鳥，悅耳動聽的鳴叫聲在野外的辨識度極高，一隻雄鳥站在路旁的蘆葦桿上跳上跳下的，露出鮮紅的喉部，把長尾羽翹起高舉，隨著鳴唱旋律的高低起伏，節奏的快慢，尾羽還能跟著上下擺動，另一隻喉部白色的雌鳥只是安靜聽著，紅喉歌鴝這個貼切的別名，完全是形容雄鳥的紅喉和美妙歌聲。白喉文鳥和橙頰梅花雀是外來種逸鳥，白喉文鳥白色的喉、橙頰梅花雀橙紅的雙頰，身上的主要特徵和鳥名吻合，逸出的時間超過 20 年，由於繁殖力強，現在已經在臺灣落地生根，主要分布在西半部平原到低海拔的丘陵地，在關仔嶺周圍的丘陵地區，常見牠們和本土的斑文鳥混群，體長雖然都只有 10 公分左右，但一大群同時飛來，浩大的聲勢仍讓人吃驚，上百隻停在邊坡的禾本科野草上吃著草籽，一面吃還能一面鳴叫。斑文鳥發出「噓～噓～噓～」的平緩細鼻音，白喉

說明 15：斑文鳥分布範圍廣泛，平原和淺山丘陵常能看見。

文鳥發出尖銳急促「嘰～嘰～嘰～」的連續聲音，橙頰梅花雀則急噪的「喊～喊～喊～」叫個不停，合在一起吵雜的叫聲，幾乎分不出誰在鳴叫。低矮的樹上，幾隻綠繡眼吱吱叫著，在葉子找蟲吃，白頭翁站在樹梢昂著頭，發出清亮的叫聲。

四周的綠繡眼、白頭翁、斑文鳥、白喉文鳥和橙頰梅花雀鳴叫聲突然停止，開始四處亂飛，只聽到「悠～悠～悠～」的高昂叫聲穿過雲霄，抬頭一看，原來是大冠鷲出巡，難怪眾鳥飛散。

關仔嶺溫泉區的海拔約在 300 公尺，登上臺南市最高的大凍山，海拔也只有一千多公尺，和臺灣高山林立的其他縣市比，算是低海拔地形。淺山地形以闊葉林為主，四季變化不若

說明 16：淺山丘陵的大冠鷲數量不少，有時就停在路邊尋找獵物。

高山地區分明，鳥類也以以丘陵地常見的林鳥為主，只有在冬季時，部分中海拔的鳥會降遷到淺山樹林裡，偶見白耳畫眉也算是一個大驚喜。

最佳賞鳥期：全年。山麻雀繁殖期每年四月到七月
代表鳥種：山麻雀、大冠鷲
稀有鳥種：黑鳶、紅隼、朱鸝、黃鸝、白耳畫眉
常見鳥種：竹雞、鳳頭蒼鷹、金背鳩、紅鳩、珠頸斑鳩、翠翼鳩、綠鳩、番鵑、小雨燕、五色鳥、小啄木、灰喉山椒鳥、棕背伯勞、紅尾伯勞、大卷尾、黑枕藍鶲、樹鵲、喜鵲、洋燕、家燕、赤腰燕、白環鸚嘴鵯、白頭翁、紅嘴黑鵯、棕扇尾鶯、黃頭扇尾鶯、褐頭鷦鶯、灰頭鷦鶯、白腰鵲鴝、鵲鴝、黃尾鴝、野鴝、藍磯鶇、赤腹鶇、大彎嘴、小彎嘴、綠繡眼、白尾八哥、家八哥、黑臉鵐、麻雀、斑文鳥、白喉文鳥、橙頰梅花雀

第三節　曾文水庫

曾文水庫興建於曾文溪上游，是遠東最大的水庫，1973年完工，隔年開放光觀。水庫腹地面積遼闊，山林蒼鬱，複雜多樣的林相，蘊藏的生物多樣性極為可觀。

過了收費亭一進到風景區，幾隻像穿著黑色燕尾服的大卷

說明 17：曾文水庫腹地面積遼闊，複雜多樣的林相，蘊藏的生物多樣性極為可觀。

尾，在兩排相距約 10 公尺的電線上，來來回回的大波浪式飛行展翅，相互叫囂；五色鳥依舊只聞其聲，不見其影，單調響亮的敲木魚聲迴盪在山谷，鳴唱的個體太多，早已分不出鳴叫的方向。

彎進遍植闊葉樹的小路，一對翠翼鳩突然從林子裡飛竄出，降落在剛修剪過的大草坪上，一面走還鼓起喉，一面發出「嗚、嗚～嗚、嗚～」的低鳴，雄鳥背羽多層次的翠綠在陽光下反射著光澤，環繞頸部到前胸的褐紅閃耀著鏽紅的古銅亮彩，雌鳥的羽色分佈和雄鳥相似，但彩度就遜色多了；一小群全身像染了兩種綠顏料的綠鳩在樹梢「嗚、嗚嗚呼～嗚、嗚嗚呼～」拉長音的鳴叫，聲音像是小學生第一次吹直笛，手指壓不住音孔，氣又不足，只得使盡全身力氣吹奏。

一隻稀有的黃鸝站在高大的樟樹上，發出悠揚婉轉的口哨聲，哨音在最高音時又能順利轉調，足足降了 8 度音後，再次拉高音，圓潤悠揚地隨著輕快的旋律流暢扶搖而上，最後戛然而止，這種獨一無二的悅耳嗓音，只能用「餘音繞樑」來形容，優美的小夜曲剛鳴唱完，另外一隻飛來，發出「嘎～啊～嘎～啊～嘎～」粗啞的叫聲，這種聲音雖然也是黃鸝常有的鳴叫，卻不甚美妙。黃鸝全身大致為黃色，雌雄羽色極為相近，不易分辨，在臺灣是屬於稀有一級保育類的留鳥，活動於低海拔的針、闊葉混合的丘陵地帶，也會出現在平地樹木濃密的公園；

說明 18：黃鸝全身的黃，美麗的外表，成為人類捕捉的對象。

因為外表美麗、鳴叫悅耳，引起人類捕捉，在臺灣的數量極少。

躲在樹叢底下的一群的竹雞，用一對腳趾輪流翻找落葉堆裡的小蟲，一面找還一面停下來發出「雞狗乖～雞狗乖～」的叫聲，聲音大到在山谷裡迴響，一隻雄鳥啄到大一點的「雞母蟲」，還沒來得及吞下，另一隻雌鳥過來搶奪，和雄鳥一番爭戰後，肥美的食物，竟落入原本在旁觀戰的另外一隻雌鳥嘴裡，這群竹雞在落葉堆裡足足賣力的刨了一個多小時的落葉，刨到露出一片泥土，牠們才在帶頭雄鳥的催促下快跑越過柏油路，鑽進草堆裡。

喜歡成群結隊的粉紅鸚嘴還沒現身，就先聽到尾音上揚「啾～啾～揪～」一連串婉轉清亮的聲音，跳動的身影慢慢接近時，鳴叫的聲音從悅耳的重唱，漸漸走調，最後轉變為一團嘈雜。

順著小徑往前行，路愈來愈狹窄，放慢腳步，走上蜿蜒的步道，讓初夏的微風吹拂臉龐，一旁的竹子在左右擺盪中發出「伊～歪～～伊～歪～～」慢節奏的響聲。竹林裡飛過一抹藍綠，眼前出現八色鳥的身影，停下腳步，瞪大眼睛在竹林裡仔細搜尋，卻又遍尋不著，正以為自己眼花要放棄時，八色鳥獨特易識的的宏亮聲音瞬間傳來，隨聲音前進，走上斜坡的轉彎處，一隻八色鳥就停在臥倒的枯竹子上鳴叫，夢裡尋牠千百度的夢幻之鳥，竟不期而遇，看著牠身上綠、藍、紅、黃、黑、白、乳黃、栗褐等 8 種顏色，用顫抖的雙手拿著相機胡亂的按了幾下後，飆升的腎上激素總算稍平復，這隻八色鳥左瞧右瞧了好一會兒，才從容的振翅往溪谷飛。

著名的景點曾文之眼旁本有一「鳥宮」，用大籠子養了十幾種觀賞用的孔雀、雉雞，色彩斑斕豔麗，可惜的是籠中鳥總是缺羽斷尾，不若野鳥活潑健康。水泥地多了餵養孔雀掉下來的飼料，吸引不少紅鳩、珠頸斑鳩、麻雀、白尾八哥來啄食，連白頭翁也來湊熱鬧，跟著這些鳥東啄西啄。「鳥宮」現已改建，原來圈養的籠中鳥已不見，但在此棲息活動的鳥種依舊頻頻出現，熱鬧非凡。

幾棵老榕樹圍繞著噴水池，成熟的榕果引來成群的綠繡眼吱吱啁啁的在樹葉間穿梭啄食；白眉鶇、赤腹鶇站在接近樹冠層的枝條上，挑著成熟的榕果吃，虎鶇在稍遠有草的樹根處仔細的用嘴把落葉撥開，翻找小蟲；小彎嘴畫眉在低矮的樹叢跳躍找蟲吃，只露出長長的白眉線及像戴著黑眼罩的粗黑過眼線，好像是鬼鬼祟祟的小偷；黑枕藍鶲偶爾跳出來，站在枝頭上露一下臉，很快的啄到幾隻蟲，不到一分鐘又往邊坡的草叢跳去。

遠處傳來幾聲「呼嗚～嗚～呼嗚～」低沈的口哨聲，一對朱鸝半跳半飛的來到水池旁最大棵的榕樹，雄鳥的飛羽在陽光的照耀下黑得發亮，頸部的烏黑，眼圈裡有如黑珍珠發亮的瞳

說明 19：朱鸝雄鳥身上的烏黑及鮮紅，在陽光的照耀下光彩奪目。

說明 20：朱鸝雌鳥的羽色分佈和雄鳥差不多，只是顏色淺了些，淡紅的腹部有黑色斑紋。

孔，背部、下腹、尾羽的鮮紅，大概只有油彩才調得出，這身紅黑搭配的羽衣，只有臺語的「紅水黑大扮」足以形容牠的亮美。雌鳥的羽色分佈和雄鳥差不多，只是顏色淺了些，淡紅的腹部還畫上幾筆黑色斑紋。這對朱鸝先停在橫枝上左顧右盼一會兒，再飛到枝芽裡找蟲吃，有時鑽到濃密的葉裡，再鑽出來時，嘴裡多了一隻毛毛蟲，把蟲在枝條上磨擦幾下，甩掉毛毛蟲身上的刺毛後再一口吞下，如此來回幾次，也吃了不少隻蟲，幾分鐘後，又「呼嗚～嗚～呼嗚～」「呀～啊～呀～啊～」相互呼應著飛離。朱鸝分布在淺山的邊緣、闊葉林、竹林的環境，因為羽色鮮紅亮麗，曾被大量捕捉而成為籠中鳥，後列為保育類鳥種後，數量略為回升，在臺南地區靠近淺山的低海拔可以發現，但盜獵的行為及棲地的開發未曾停止，仍列二級珍貴稀有野生動物。

樹枝上，有華麗的鳥兒吃蟲，地面也來了隻羽色黑白相間的白鶺鴒一面跳，一面搖著尾羽找蟲吃；順著草坡往上，一隻黑冠麻鷺不知站立多久，如同一塊木材般，一動也不動的注視前方，應該是盯著土裡的蚯蚓吧。

曾文水庫大壩高133公尺，壩長400公尺，站在雙線車道的大壩，一面遙想幾十年前先人築壩攔水的篳路藍縷，一面欣賞連綿浩瀚的鬱鬱山光，層層疊疊的投影在碧綠的水面裡，好不愜意。遠處山巒與綠水交接處，「呼悠～悠～悠～」高亢昂揚的叫聲響起，幾隻黑鳶一面鳴叫一面低空環繞，尋找浮在水上的魚，輪流俯衝。

每年秋冬會有幾隻魚鷹在水庫周圍出沒，魚鷹環繞巡邏的範圍比黑鳶廣，飛低飛近時幾乎可以看見銳利的雙眼，飛高飛遠後直接隱沒在崇山峻嶺裡；大冠鷲不忘在藍天裡趁著上升的氣流，高空巡航，捍衛牠的領域；小白鷺飛過山巒，停在水岸旁等待牠的一餐；一隻夜鷺不知從哪裡咬了一條魚，從眼前不到10公尺的距離飛過，持續飛了好長的距離，飛進邊坡的草叢裡。

曾文水庫有美不勝收的湖光山色，有豐富多面貌的生態環境，多彩多姿的鳥況更值得一探。走在山林野徑、竹林步道時，說不定八色鳥就突然出現在眼前。

說明 21：黑鳶在曾文水庫的數量穩定，常俯衝水面掠取水面載浮載沈的魚。

說明 22：魚鷹環繞巡邏的範圍寬廣，飛低飛近時幾乎可以看見銳利的雙眼。

說明 23：一隻夜鷺不知從哪裡咬了一條魚，從眼前不到 10 公尺處飛過。

最佳賞鳥時間：全年

代表鳥種：大冠鷲、黑鳶、朱鸝、八色鳥、山麻雀

稀有鳥種：黃鸝、紅隼、白眉鶇

普遍鳥種：竹雞、魚鷹、鳳頭蒼鷹、金背鳩、紅鳩、珠頸斑鳩、綠鳩、小雨燕、翠鳥、五色鳥、小啄木、灰喉山椒鳥、棕背伯勞、紅尾伯勞、大卷尾、黑枕藍鶲、樹鵲、喜鵲、洋燕、家燕、赤腰燕、白環鸚嘴鵯、白頭翁、紅嘴黑鵯、極北柳鶯、棕扇尾鶯、褐頭鷦鶯、灰頭鷦鶯、鵲鴝、白腰鵲鴝、黃尾鴝、野鴝、藍磯鶇、虎鶇、赤腹鶇、大彎嘴、小彎嘴、繡眼畫眉、綠繡眼、白尾八哥、家八哥、綠啄花、紅胸啄花、白鶺鴒、東方黃鶺鴒、黑臉鵐、麻雀、斑文鳥、白喉文鳥、小鷿鷈、黃小鷺、栗小鷺、蒼鷺、大白鷺、中白鷺、小白鷺、黃頭鷺、夜鷺、黑冠麻鷺、白腹秧雞、紅冠水雞

第十一章

結論

第一節　臺南豐富的鳥文化

臺南有豐富而特殊的鳥生態，包括佔全球接近六成的明星物種黑面琵鷺；全臺百分之九十集中在官田的水雉；秋冬夕陽西下時在沙洲、蚵架、滿天飛舞的黑腹燕鷗；具有明確悠久歷史淵源的喜鵲。也有在鹽田灘地、濱海河口溼地、農田野地、公園與水庫丘陵地周邊，不停上演的鳥類生命故事。

說明 1：秋冬夕陽西下時，沙洲、蚵架、滿天飛舞的黑腹燕鷗美景一定不能錯過。

春夏時節，溼地裡的小白鷺、中白鷺、大白鷺、夜鷺和黃頭鷺張著大嘴在鹽水溪口努力的哺育才長出幾根絨毛的雛鳥；廢棄魚塭裡的小鸊鷉，潛入碧綠的水塘抓魚，一天到晚都在餵食老是吃不飽的幼雛；東方環頸鴴雛鳥，跟著親鳥覓食，天冷時，鑽進親鳥的懷裡；菱角田裡，小水雉跟著水雉爸爸翻找菱葉上的小蟲。

農田野地，孵蛋育雛一身挑的雄彩鷸在水田裡不停撈攫昆蟲、蠕蟲，努力餵養小彩鷸；一身黑絨絨的紅冠水雞雛鳥，在水田邊躲躲藏藏，待親鳥抓到蠕蟲時，興奮的衝出來搶食；一窩剛出生的高蹺鴴，亦步亦趨跟著親鳥在田裡啄食小蟲；行經田間道路時，有時可看見白腹秧雞帶著雛鳥通過馬路，驚險又溫馨的畫面；夏候鳥燕鴴，從來不會錯過每年三至八月的繁殖期，在農田出沒，以高明的飛行技巧，在空中抓飛蟲撫育田裡的小生命；褐頭鷦鶯、灰頭鷦鶯咬著蟲，在芒草堆裡，鑽進鑽出，餵養還未開眼的雛鳥。藍天裡的黑翅鳶來來回回咬著樹枝，飛進高大的瓊崖海棠冠層築巢。

都會公園裡，綠繡眼、白頭翁、紅鳩、珠頸斑鳩等常見的鳥，忙進忙出的啣草築巢，準備育雛；五色鳥、小啄木找了根枯木，用尖嘴猛挖洞，只為了讓下一代有穩當的家；鳳頭蒼鷹佔了公園大樹的最高點，築了結實又碩大的巢。

淺山丘陵，山麻雀利用電線桿現成的洞，鋪了些草，繁衍

說明 2：白腹秧雞帶著 6 隻雛鳥通過馬路，驚險又溫馨。

說明 3：山麻雀雄鳥咬巢材築巢。全臺山麻雀不到 1,000 隻，在關仔嶺可以輕易觀察。

壯大族群；有華麗羽色的八色鳥，找了極隱密的草坡，築了個外表幾乎看不出來的巢；這樣的生命故事年復一年在此上演。

秋冬時節，來自遙遠北方的候鳥，不論是短暫過境或是準備度過嚴冬，成千上萬隻鷸鴴科、鷗科，鷺科水鳥遍佈河口、水田、鹽田和魚塭泥灘地，為溼地帶來蓬勃生機；鶲科、鶇科、柳鶯科等小型鳥類，分散在農地、公園、林地或水庫周邊；偶爾現身的白領翡翠、赤翡翠、褐鷹鴞、綠胸八色鳥、藍翅八色鳥、橙頭地鶇、紫綬帶等稀有鳥種，都為臺南的鳥生態，添上一筆紀錄，同時也給賞鳥人一份驚喜。

豐富的鳥生態給了臺南鳥文化養分。社區、機關學校裡經常可見黑面琵鷺和水雉及各種鳥類圖騰、塑像、看板、圖片；數間廟宇屋脊也有黑面琵鷺剪黏；車身兩側有黑面琵鷺和水雉圖案的垃圾車，每天穿梭在大街小巷；個人或學校出版的鳥類相關書籍繪本、各種黑面琵鷺詩詞、歌曲等，都彰顯了臺南鳥文化的深度。

第二節　臺南鳥文化的隱憂

壹、沙崙農場與國際影城開發案

「沙崙綠能科學城」是政府產業創新計畫，位置靠近歸仁沙崙農場的臺南高鐵站特定區，包括綠能科技聯合研究中心及

說明 4：沙崙農場的環頸雉需要完整的農地，才能持續生存繁衍。

綠能科技示範場域，約佔地 22 公頃。後因國際影城的開發案要在沙崙農場設置，且占地需要 200 多公頃，引發農場開發與環境生態保育的衝突。

沙崙農場這片完整又難得的農地，如果恣意的開發，會讓優質農地消失，生物物種的保留會變得極為艱辛困難；自然生態的改變、損耗、消失，會有無法預料的後果，特別是鳥類生態的多樣性，需要更大的土地才能維持其食物鏈關係。臺南市多個生態保育及民間環保團體，呼籲政府在決策時要做好整體生態環境評估，以免環境一但開發就無回頭路。

貳、光電系統的開發

一、七股鹽田濱海設置太陽光電系統對水鳥的影響

幾十年來臺南西部沿海曬鹽業從興盛到沒落，從 2000 年起，臺灣鹽業逐漸轉型，主要曬鹽的北門區、七股區鹽田都早已停止曬鹽，形成雨季時蓄水，乾季時露出大片灘地，看似荒廢的土地，是水鳥族群最重要的棲地。

推動能源轉型發展，綠色能源是中央與地方共同的政策目標，臺電準備在七股沿海鹽田設置太陽光電系統，面積超過 200 公頃。七股曾經躲過濱南工業區開發，才成就了黑面琵鷺的保育觀光盛景，而溼地太陽能光電系統的設置，棲地的喪失，將對原本棲息在這裡的水鳥產生衝擊。

七股鹽田灘地及附近的魚塭是黑面琵鷺重要棲地及食物來源，大面積種電會不會破壞當地景觀和生態、影響黑面琵鷺的棲息及覓食？市府應成立環境與生態監測平臺，做好環境評估後，透過更好的方式執行，才不會為了解決缺電的問題而製造另一個生態問題。希望最後的結果能在不影響鳥類棲地的情況下，達成取得綠能發電、環保、生態三贏的局面。

二、官田水雉生態教育園區周邊農田種電對水雉的影響

官田區水雉生態園區周邊的優質農地，除了每年生產全臺

大部分的菱角外，並且涵養眾多的生物，更是水雉重要的繁殖地及棲地。綠能光電業者，計畫在這裡租地種電，2019 年開始積極的遊說農民，簽約出租農地種電，而出租種電的區塊，位置在水雉生態教育園區東側 1 公里多的農業區，這裡正好是水雉覓食、繁殖的棲地範圍，而且合約是一租 20 年，不但會破壞水雉的棲地連續性，破碎的農地也會嚴重影響冬候鳥雁鴨科、鷸鴴科及留鳥秧雞科的生態，整個官田的菱角產業文化、及相關的地景文化、生態觀光也將受衝擊。

把農地轉租給綠能光電業者裝置太陽能板，農人的收益在

說明 5：菱角田的面積愈大，水雉生存的空間愈多。

短時間內固然提高，但農地不能農用，優良農地逐步減少，以及後續20年租約期滿後，農地能否完全能恢復耕種，都是嚴肅的課題。全臺灣水雉的復育從1998年調查的50隻，到2018年12月已紀錄到1,284隻，20多年來經過政府、中華鳥會、臺南市野鳥學會、水雉生態教育園區、眾多民間團體及農人的努力，好不容易達成穩定的溼地生態及友善種植環境，一定要避免在生態敏感區的農田種電，以免引發水雉生存的危機。

參、流浪犬的侵擾

流浪犬在溼地、魚塭、農田追逐野鳥的問題一直都存在，

說明6：流浪犬在溼地、魚塭、農田追逐野鳥的問題一直都存在。

連黑面琵鷺主棲地的曾文溪口灘地也曾發現流浪犬四處遊盪。

在農田、田埂、灘地周圍及廢棄魚塭築巢的高蹺鴴、東方環頸鴴、小燕鷗，彩鷸、小鸊鷉等水鳥，在繁殖季時除了要防患原有的蛇、鼠，或來自空中的猛禽及鴉科的喜鵲、樹鵲外，來自地面的流浪犬是最大的威脅，這些繁殖中的親鳥儘管有保護巢、蛋及幼雛的擬傷、躲藏、威赫或攻擊的策略，但流浪犬的體型相對巨大，對野鳥、巢、幼雛的危險性十分高。流浪犬除了尋找蛋、幼雛當食物外，也會成群追逐水鳥，對水鳥的覓食、棲息及繁殖有不利的影響。

第三節　臺南鳥文化的未來

壹、鳥類生態廊道的連貫結合

臺南沿海溼地眾多，而且交通便利，從北而南包括學甲溼地、北門潟湖及周邊溼地、將軍溼地、頂山溼地、曾文溪口溼地、四草溼地和鹽水溪河口溼地等，再加上濱海地區鳥況豐富的北門三寮灣農地、將軍農地等，結合成鳥類生態廊道，這條廊道有雁鴨科、鷸鴴科、鷺科等水鳥數量種類繁多的優勢，還有珍貴的黑面琵鷺、全球稀有的唐白鷺、諾氏鷸、琵嘴鷸、黑嘴鷗等，除了國內賞鳥客常造訪外，也引發國外賞鳥客高度的興趣。沿著濱海線生態廊道，來一趟臺南溼地的深度旅遊，除了能認識濱海豐富的生態環境外，能發現四季更迭的水鳥生命律動。

貳、賞鳥文化結合地方文化活動

廟宇文化是臺南的重要觀光資源，四草大眾廟結合的搭船賞鳥生態之旅已行之多年，為地方帶來不少觀光收益。

濱海地區的王爺、媽姐信仰文化早已深植人心。位於北門區的南鯤鯓代天府是全省五府千歲王爺信仰的中心，每年到南鯤鯓代天府的遊客人數高達 1,000 萬人。觀光人潮有部分外溢到周邊的旅遊景點，如：井仔腳瓦盤鹽田、北門遊客中心、雙春濱海遊憩區等。黃昏時到井仔腳瓦盤鹽田賞夕景及到堤防觀賞潟湖上幾萬隻黑腹燕鷗群舞奇景的觀光活動已推動多年；與南鯤鯓相臨的學甲溼地知名度也逐漸打開，賞鳥生態旅遊活動結合廟宇文化活動的人潮，應大有可為。

安平區有不少來臺南旅遊必到的景點，到安平開臺天后宮，膜拜已有 350 年歷史的聖母聖像，參觀億載金城、安平古堡、德記洋行，逛熱鬧的安平老街，品嚐安平蝦捲、豆花等小吃美食，再到安平樹屋的西側鹽水溪湖濱水鳥公園，除了可以遠離安平古堡周遭擁擠的人潮外，沿途漫步在自行車道，可以輕鬆自在的欣賞湖邊河口植物林相、河口生態，和溪口滿佈的水鳥，體驗臺南不同的美，如果待得時間夠久，還能欣賞溪口

說明 7：學甲溼地停棲的黑面琵鷺，與相臨的南鯤鯓建築群只隔著一條馬路。

說明 8：在鹽水溪紅樹林繁殖的鷺鷥群，與安平古堡相鄰。

夕陽美景，豈不快哉！

參、鳥類生態教育文化的持續推動

臺南豐富又獨特的鳥文化教育，早已紮根基層：

龍崎區龍崎國小師生創作「竹鷹」這本繪本，描繪祖孫因救治一隻小鷹，而傳承竹編傳統藝術，祖孫之情因此更濃密；透過學童的創作，傳達愛山、愛鄉、愛鳥的心。新化區口碑國小「桃花心木林與大冠鷲」繪本，敘述桃花心木上的大冠鷲幼鳥學飛的勇氣與冒險過程，最後終於翱翔於天際，如同平埔西拉亞族原鄉的「阿立祖」、「夜唱」等歷史文化，也將永遠保留與傳唱。

濱海的北門區三慈國小「戀戀三寮灣」繪本、將軍區將軍國小「將軍溪的訪客」繪本，描述家鄉環境生態特色，不約而同的介紹在地季節限定的特殊飛鳥動態奇景——黑腹燕鷗黃昏之舞的畫面。學甲區學甲國小「滄海桑田話濕地」繪本，道出學甲溼地水鳥、在地環境特色與鄉土情感的連結與未來發展。

北區賢北國小在「鹽水溪的故事」繪本中描繪的紅樹林、夜鷺、白鷺鷥、高蹺鴴、蒼鷺和珍貴的黑面琵鷺，都能在鹽水溪觀鳥活動中得驗證。鄰近曾文溪口黑琵保育區的七股區建功國小「十份里的十分禮」繪本，深刻描寫學童和黑面琵鷺互動的奮勉故事，而校本課程對環境生態教育與黑面琵鷺保育，也有完整的縱向規畫和橫向銜接的課程設計。

每年都有臺南市境內多所學校到官田區水雉生態教育園區進行校外教學。官田國小、官田國中長期和園區有課程交流計畫，除了在學校推動鳥類生態、環境教育、友善農耕等課程外，並有學生輪流至園區做棲地營造及鳥類解說等志工服務。官田國小出版「小水雉的超級奶爸」繪本及電子書；離園區更遠的大內區二溪國小的「小水雉的迷途旅行」繪本，繪製水雉完整的生態故事。

十二年國教的課綱規範環境教育應融入在各領域教學中。鳥類生態因易於觀察，在國中小課本出現的單元或節次相當普遍，融入溼地賞鳥、山林觀鳥的內容，不但豐富了學習歷程，也達到寓教於樂的目的。

臺南獨特的黑面琵鷺、水雉、黑腹燕鷗、喜鵲，以及濱海水鳥及平原、淺山的鳥種生態，發展出各種地方產業和生態教育活動，使臺南鳥文化豐富而具歷史意義。若能依現有基石落實環境保育，將鳥類生態廊道結合觀光及文化產業活動，一定可以讓臺南鳥文化永續發展。

附錄一

臺南常見水鳥圖鑑

赤頸鴨

體長 45-51cm
雁鴨科
別名：赤頸梟、火燒仔（臺語）
遷留狀態：普遍冬候鳥

花嘴鴨

體長 58-63cm
雁鴨科
別名：斑嘴鴨
遷留狀態：不普遍留鳥、不普遍冬候鳥

琵嘴鴨

體長 44-56cm
雁鴨科
別名：琵琶鴨、寬嘴鴨、湯匙仔（臺語）
遷留狀態：普遍冬候鳥

尖尾鴨

體長 51-65cm
雁鴨科
別名：針尾鴨、尖尾仔（臺語）
遷留狀態：普遍冬候鳥

白眉鴨

體長 37-41cm
雁鴨科
別名：白眉仔（臺語）
遷留狀態：稀有冬候鳥、普遍過境鳥

小水鴨

體長 35-38cm
雁鴨科
別名：綠翅鴨、小麻鴨、金翅仔（臺語）
遷留狀態：普遍冬候鳥

紅頭潛鴨

體長 42-58cm
雁鴨科
別名：磯梟、磯雁
遷留狀態：稀有冬候鳥

鳳頭潛鴨

體長 40-47cm
雁鴨科
別名：澤梟
遷留狀態：普遍冬候鳥

小鷿鷈

體長 23-29cm
鷿鷈科
別名：水避仔（臺語）
遷留狀態：普遍留鳥、普遍冬候鳥

冠鸊鷉

體長 46-51cm
鸊鷉科
別名：鳳頭鸊鷉
遷留狀態：稀有冬候鳥

黑頸鸊鷉

體長 28-34cm
鸊鷉科
遷留狀態：稀有冬候鳥

鸕鷀

體長 77-94cm
鸕鷀科
別名：普通鸕鷀、大鸕鷀、烏鬼、魚鷹
遷留狀態：普遍冬候鳥

黃小鷺

體長 30-40cm
鷺科
別名：黃葦鷺、黃葦鳽
遷留狀態：普遍留鳥、普遍夏候鳥

栗小鷺

體長 40-41cm
鷺科
別名：栗葦鷺、栗葦鳽
遷留狀態：不普遍留鳥

蒼鷺

體長 84-102cm
鷺科
別名：灰鷺，灰鷺鷥、海徛仔（臺語）
遷留狀態：普遍冬候鳥

紫鷺

體長 70-90cm
鷺科
別名：草鷺
遷留狀態：稀有冬候鳥、稀有留鳥

大白鷺

體長 80-104cm
鷺科
別名：白翎鷥（臺語）
遷留狀態：普遍冬候鳥，稀有夏候鳥

中白鷺

體長 65-72cm
鷺科
別名：白翎鷥（臺語）
遷留狀態：普遍冬候鳥，稀有夏候鳥

小白鷺

體長 55-65cm
鷺科
別名：白翎鷥（臺語）
遷留狀態：普遍留鳥，普遍過境鳥、不普遍冬候鳥

黃頭鷺

體長 45-52cm
鷺科
別名：牛背鷺
遷留狀態：普遍留鳥、普遍夏候鳥

夜鷺

體長 58-65cm
鷺科
別名：暗光鳥，夜光鳥
遷留狀態：普遍留鳥、稀有冬候鳥、稀有過境鳥

黑冠麻鷺

體長 47-51cm
鷺科
別名：黑冠鳽
遷留狀態：普遍留鳥

埃及聖䴉

體長 65-89cm
䴉科
別名：聖䴉
遷留狀態：普遍引進種

白琵鷺

體長 80-93cm
䴉科
保育等級：二級
別名：琵鷺
遷留狀態：稀有冬候鳥

黑面琵鷺

體長 65-76cm
䴉科
保育等級：一級
別名：黑臉琵鷺，黑面撓杯、飯匙鳥（臺語）
遷留狀態：稀有冬候鳥、稀有過境鳥

緋秧雞

體長 21-23cm
秧雞科
別名：紅胸田雞、紅腳仔
遷留狀態：普遍留鳥

灰胸秧雞

體長 25-30cm
秧雞科
別名：灰胸紋秧雞、藍胸秧雞
遷留狀態：不普遍留鳥

白腹秧雞

體長 28-33cm
秧雞科
別名：白胸苦惡鳥、白胸秧雞、苦惡鳥、苦雞母（臺語）
遷留狀態：普遍留鳥

紅冠水雞

體長 30-38cm
秧雞科
別名：黑水雞、田雞仔（臺語）
遷留狀態：普遍留鳥

白冠雞

體長 36-39cm
秧雞科
別名：白骨頂、骨頂雞
遷留狀態：不普遍冬候鳥

高蹺鴴

體長 35-40cm
長腳鷸科
別名：長腳鷸、黑翅長腳鷸
遷留狀態：普遍冬候鳥、局部地區普遍留鳥

反嘴鴴

體長 44-45cm
長腳鷸科
別名：反嘴長腳鷸
遷留狀態：稀有冬候鳥

灰斑鴴

體長 27-31cm
鴴科
別名：斑鴴
遷留狀態：普遍冬候鳥

太平洋金斑鴴

體長 23-26cm
鴴科
別名：金斑鴴
遷留狀態：普遍冬候鳥

小辮鴴

體長 28-31cm
鴴科
別名：鳳頭麥雞，田貓仔、土豆鳥（臺語）
遷留狀態：不普遍冬候鳥

跳鴴

體長 34-37cm
鴴科
別名：灰頭麥雞
遷留狀態：稀有冬候鳥、稀有過境鳥

蒙古鴴

體長 18-21cm
鴴科
別名：蒙古沙鴴
遷留狀態：不普遍冬候鳥、普遍過境鳥

鐵嘴鴴

體長 22-25cm
鴴科
別名：鐵嘴沙鴴
遷留狀態：不普遍冬候鳥、普遍過境鳥

東方環頸鴴

體長 15-17cm
鴴科
別名：白領鴴、環頸鴴
遷留狀態：普遍冬候鳥、不普遍留鳥

小環頸鴴

體長 14-17cm
鴴科
別名：金眶鴴
遷留狀態：普遍冬候鳥、不普遍留鳥

東方紅胸鴴

體長 22-25cm
鴴科
別名：紅胸鴴
遷留狀態：稀有過境鳥

彩鷸

體長 25cm
彩鷸科
保育等級：二級
遷留狀態：普遍留鳥

水雉

體長 39-58cm
水雉科
保育等級：二級
別名：菱角鳥、凌波仙子
遷留狀態：稀有留鳥

反嘴鷸

體長 22-25cm
鷸科
別名：翹嘴鷸
遷留狀態：不普遍過境鳥

磯鷸

體長 19-21cm
鷸科
遷留狀態：普遍冬候鳥

白腰草鷸

體長 21-24cm
鷸科
遷留狀態：不普遍冬候鳥

黃足鷸

體長 23-27cm
鷸科
遷留狀態：普遍過境鳥

鶴鷸

體長 29-32cm
鷸科
遷留狀態：稀有冬候鳥

青足鷸

體長 30-35cm
鷸科
別名：青腳鷸
遷留狀態：普遍冬候鳥

小青足鷸

體長 22-26cm
鷸科
別名：澤鷸
遷留狀態：不普遍冬候鳥、普遍過境鳥

鷹斑鷸

體長 15-23cm
鷸科
別名：林鷸、水尖仔（臺語）
遷留狀態：普遍冬候鳥、普遍過境鳥

赤足鷸

體長 27-29cm
鷸科
別名：紅腳鷸
遷留狀態：普遍冬候鳥

小杓鷸

體長 28-32cm
鷸科
遷留狀態：不普遍過境鳥

中杓鷸

體長 40-46cm
鷸科
遷留狀態：不普遍冬候鳥、普遍過境鳥

黦鷸

體長 53-66cm
鷸科
保育等級：三級
別名：紅腰杓鷸
遷留狀態：不普遍過境鳥

大杓鷸

體長 50-60cm
鷸科
保育等級：三級
別名：白腰杓鷸
遷留狀態：不普遍冬候鳥

黑尾鷸

體長 36-44cm
鷸科
別名：黑尾塍鷸
遷留狀態：稀有冬候鳥、不普遍過境鳥

斑尾鷸

體長 37-41cm
鷸科
別名：斑尾塍鷸
遷留狀態：稀有冬候鳥、不普遍過境鳥

翻石鷸

體長 21-26cm
鷸科
別名：石獅（臺語）
遷留狀態：普遍冬候鳥

大濱鷸

體長 26-28cm
鷸科
保育等級：三級
別名：姥鷸、細嘴濱鷸
遷留狀態：不普遍過境鳥

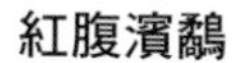

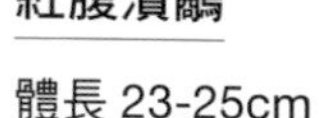

紅腹濱鷸

體長 23-25cm
鷸科
保育等級：三級
別名：漂鷸
遷留狀態：不普遍過境鳥

流蘇鷸

體長 20-32cm
鷸科
遷留狀態：稀有冬候鳥

寬嘴鷸

體長 16-18cm
鷸科
別名：闊嘴鷸
遷留狀態：不普遍過境鳥

尖尾濱鷸

體長 17-22cm
鷸科
別名：尖尾鷸
遷留狀態：普遍過境鳥

彎嘴濱鷸

體長 18-23cm
鷸科
別名：滸鷸
遷留狀態：普遍過境鳥、稀有冬候鳥

丹氏濱鷸

體長 13-15cm
鷸科
別名：丹氏穉鷸、青腳濱鷸
遷留狀態：稀有冬候鳥

長趾濱鷸

體長 13-16cm
鷸科
別名：雲雀鷸
遷留狀態：不普遍冬候鳥

紅胸濱鷸

體長 13-16cm
鷸科
別名：紅頸濱鷸、穉鷸
遷留狀態：普遍冬候鳥

黑腹濱鷸

體長 16-22cm
鷸科
別名：濱鷸
遷留狀態：普遍冬候鳥

半蹼鷸

體長 33-36cm
鷸科
保育等級：三級
遷留狀態：稀有過境鳥

田鷸

體長 25-27cm
鷸科
別名：扇尾沙錐
遷留狀態：普遍冬候鳥

紅領瓣足鷸

體長 17-19cm
鷸科
別名：紅頸瓣蹼鷸、紅領瓣蹼鷸
遷留狀態：普遍過境鳥

燕鴴

體長 24cm
燕鴴科
保育等級：三級
別名：普通燕鴴、土燕子、草埔鴕仔（臺）
遷留狀態：普遍夏候鳥

黑嘴鷗

體長 29-32cm
鷗科
保育等級：二級
別名：黑頭鷗、桑氏鷗
遷留狀態：不普遍冬候鳥

紅嘴鷗

體長 37-43cm
鷗科
別名：橙嘴鷗
遷留狀態：普遍冬候鳥

黑尾鷗

體長 44-47cm
鷗科
遷留狀態：不普遍冬候鳥

小燕鷗

體長 22-28cm
鷗科
保育等級：二級
別名：白額燕鷗、海鴕仔（臺語）
遷留狀態：不普遍留鳥、不普遍夏候鳥

裏海燕鷗

體長 48-56cm
鷗科
別名：紅嘴巨鷗
遷留狀態：不普遍冬候鳥

白翅黑燕鷗

體長 23-27cm
鷗科
別名：白翅黑浮鷗、白翅浮鷗
遷留狀態：普遍過境鳥、稀有冬候鳥

黑腹燕鷗

體長 23-29cm
鷗科
別名：黑腹浮鷗、鬚浮鷗
遷留狀態： 普遍過境鳥、普遍冬候鳥

附錄二

臺南常見陸鳥圖鑑

竹雞

體長 30-32cm
雉科
別名：灰胸竹雞
遷留狀態：普遍留鳥

環頸雉

體長 60-80cm
雉科
保育等級：二級
別名：雉雞、臺灣雉，啼雞（臺語）
遷留狀態：不普遍留鳥

魚鷹

體長 50-66cm
鶚科
保育等級：二級
遷留狀態：不普遍冬候鳥、不普遍過境鳥

黑翅鳶

體長 31-37cm
鷹科
保育等級：二級
遷留狀態：不普遍留鳥

黑鳶

體長 58-69cm
鷹科
保育等級：二級
別名：老鷹、鵜鵨（臺語）
遷留狀態：稀有留鳥

大冠鷲

體長 65-74cm
鷹科
保育等級：二級
別名：蛇鵰、蛇鷹
遷留狀態：普遍留鳥

鳳頭蒼鷹

體長 40-48cm
鷹科
保育等級：二級
別名：鳳頭鷹、粉鳥鷹（臺語）
遷留狀態：普遍留鳥

紅隼

體長 33-38cm
隼科
保育等級：二級
別名：茶隼
遷留狀態：普遍冬候鳥

棕三趾鶉

體長 15-17cm
三趾鶉科
遷留狀態：普遍留鳥

金背鳩

體長 33-35cm
鳩鴿科
別名：山斑鳩、大花鳩（臺語）
遷留狀態：普遍留鳥、稀有過境鳥

紅鳩

體長 20-23cm
鳩鴿科
別名：火斑鳩、火鳩（臺語）
遷留狀態：普遍留鳥

珠頸斑鳩

體長 28-30cm
鳩鴿科
別名：斑頸鳩
遷留狀態：普遍留鳥

番鵑

體長 31-42cm
杜鵑科
別名：小鴉鵑
遷留狀態：普遍留鳥

領角鴞

體長 22-26cm
鴟鴞科
保育等級：二級
別名：赤足木葉鴞
遷留狀態：普遍留鳥

夜鷹

體長 20-26cm
夜鷹科
別名：南亞夜鷹、林夜鷹、石磯仔（臺語）
遷留狀態：普遍留鳥

翠鳥

體長 16cm
翠鳥科
別名：普通翠鳥、魚狗、釣魚翁（臺語）
遷留狀態：普遍留鳥、不普遍過境鳥

五色鳥

體長 20-22cm
鬚鴷科
特有種
別名：臺灣擬啄木、黑眉擬啄木
遷留狀態：普遍留鳥

小啄木

體長 14-16cm
啄木鳥科
別名：星頭啄木鳥
遷留狀態：普遍留鳥

灰喉山椒鳥

體長 17-19cm
山椒鳥科
別名：紅山椒鳥、戲班仔（臺語）
遷留狀態：普遍留鳥

棕背伯勞

體長 21-25cm
伯勞科
遷留狀態：普遍留鳥

紅尾伯勞

體長 17-20cm
伯勞科
保育等級：二級
別名：伯勞
遷留狀態：普遍冬候鳥、普遍過境鳥

朱鸝

體長 25-27cm
黃鸝科
保育等級：二級
別名：大緋鳥、紅鶯（臺語）
遷留狀態：不普遍留鳥

黃鸝

體長 25-27cm
黃鸝科
保育等級：一級
別名：黃鶯、黑枕黃鸝
遷留狀態：稀有留鳥、稀有過境鳥

大卷尾

體長 27-30cm
卷尾科
別名：黑卷尾、烏秋（臺語）
遷留狀態：普遍留鳥、稀有過境鳥

小卷尾

體長 23-24 cm
卷尾科
別名：古銅色卷尾　山烏秋（臺語）
遷留狀態：普遍留鳥

黑枕藍鶲

體長 15-17cm
王鶲科
別名：黑枕王鶲
遷留狀態：普遍留鳥

樹鵲

體長 36-40cm
鴉科
別名：灰樹鵲
遷留狀態：普遍留鳥

喜鵲

體長 43-50cm
鴉科
別名：客鳥（臺語）
遷留狀態：普遍留鳥

灰喜鵲

體長 36-38cm
鴉科
遷留狀態：稀有籠中逸鳥

小雲雀

體長 16-18cm
百靈科
別名：半天鳥（臺語）
遷留狀態：普遍留鳥

棕沙燕

體長 10-13cm
燕科
別名：褐喉沙燕
遷留狀態：普遍留鳥

洋燕

體長 13 cm
燕科
別名：洋斑燕、鳦仔（臺語）
遷留狀態：普遍留鳥

家燕

體長 17-19 cm
燕科
別名：燕子、鳦仔（臺語）
遷留狀態：普遍留鳥、普遍冬候鳥、普遍過境鳥

赤腰燕

體長 19 cm
燕科
別名：斑腰燕
遷留狀態：普遍留鳥

白環鸚嘴鵯

體長 21-23 cm
鵯科
別名：綠鸚嘴鵯、石鸚哥、山鸚哥（臺語）
遷留狀態：普遍留鳥

白頭翁

體長 18-19 cm
鵯科
別名：白頭鵯、白頭殼仔（臺語）
遷留狀態：普遍留鳥

紅嘴黑鵯

體長 24-27cm
鵯科
別名：黑短腳鵯、紅嘴烏秋（臺語）
遷留狀態：普遍留鳥

褐頭鷦鶯

體長 11cm
扇尾鶯科
別名：臺灣鷦鶯、芒噹丟仔、布袋鳥（臺語）
遷留狀態：普遍留鳥

灰頭鷦鶯

體長 12-14cm
扇尾鶯科
別名：黃腹鷦鶯、芒噹丟仔、布袋鳥（臺語）
遷留狀態：普遍留鳥

鵲鴝

體長 19-21cm
鶲科
別名：四喜
遷留狀態：不普遍引進種

黃尾鴝

體長 14-15 cm
鶲科
別名：北紅尾鴝
遷留狀態： 不普遍冬候鳥

野鴝

體長 14-16cm
鶲科
別名：紅喉歌鴝
遷留狀態：不普遍冬候鳥、普遍過境鳥

藍磯鶇

體長 20-23cm
鶇科
別名：厝角鳥
遷留狀態：稀有留鳥、普遍冬候鳥

赤腹鶇

體長 23-24cm
鶇科
別名：赤胸鶇
遷留狀態：普遍冬候鳥

大彎嘴

體長 23-25cm
畫眉科
特有種
別名：大彎嘴畫眉
遷留狀態：普遍留鳥

小彎嘴

體長 19-21cm
畫眉科
特有種
別名：小彎嘴鶥、棕頸鉤嘴、小彎嘴畫眉
遷留狀態：普遍留鳥

綠繡眼

體長 10-12cm
繡眼科
別名：暗綠繡眼鳥、青笛仔（臺語）
遷留狀態：普遍留鳥

繡眼畫眉

體長 13-14cm
噪眉科
特有種
別名：臺灣灰眶雀眉、白眶雀眉
遷留狀態：普遍留鳥

白尾八哥

體長 23-25cm
八哥科
別名：爪哇八哥
遷留狀態：普遍引進種

家八哥

體長 23-25cm
八哥科
別名：眼鏡八哥
遷留狀態：普遍引進種

黑領椋鳥

體長 28cm
八哥科
別名：烏領椋鳥、白頭椋鳥
遷留狀態：稀有引進種

灰頭椋鳥

體長 17-22cm
八哥科
別名：栗尾椋鳥
遷留狀態：稀有引進種

綠啄花

體長 7-9cm
啄花鳥科
別名：純色啄花鳥
遷留狀態：不普遍留鳥

紅胸啄花

體長 9cm
啄花鳥科
別名：紅胸啄花鳥
遷留狀態：不普遍留鳥

白鶺鴒

體長 17-18cm
鶺鴒科
別名：牛屎鳥仔（臺語）
遷留狀態：普遍留鳥、普遍冬候鳥

東方黃鶺鴒

體長 16-18cm
鶺鴒科
別名：黃鶺鴒
遷留狀態：普遍冬候鳥、不普遍過境鳥

黑臉鵐

體長 14-16cm
鵐科
別名：灰頭鵐
遷留狀態：普遍冬候鳥

麻雀

體長 14-15cm
麻雀科
別名：厝鳥仔（臺語）
遷留狀態：普遍留鳥

山麻雀

體長 14-15cm
麻雀科
保育等級：一級
遷留狀態：稀有留鳥

斑文鳥

體長 12cm
梅花雀科
別名：黑嘴嗶仔（臺語）
遷留狀態：普遍留鳥

臺南常見鳥類名錄索引

雁鴨科

鸊鷉科

鸕鷀科

鷺科

䴉科

秧雞科

長腳鷸科

鴴科

彩鷸科

水雉科

鷸科

臺南常見陸鳥名錄索引

附錄四

鳥類相關名詞解釋

水鳥：泛指以水域為主要棲息地的鳥種。

陸鳥：泛指以陸地為主要棲息地的鳥種。

留鳥：全年都在臺灣生活且繁殖的鳥種。

冬候鳥：每年秋天從緯度高的地方飛抵臺灣度冬，隔年春天北返繁殖地的鳥種。

夏候鳥：每年春天從熱帶地方飛回臺灣度夏繁殖，秋天再飛往南方度冬的鳥種。

過境鳥：春、秋兩季遷徙期間，過境出現在臺灣的鳥種。

迷鳥：遷徙路線不會經過臺灣，由於天候擾亂、方向迷失等因素，出現在臺灣的鳥種。

外來種：非產於臺灣，因人為因素引進逃逸，而在野外存活甚至有繁殖記錄的鳥種，又稱為「籠中逸鳥」。

繁殖羽（夏羽）：繁殖期間的羽色。

非繁殖羽（冬羽）：非繁殖期間的羽色。

成鳥：具繁殖能力，且具成鳥羽色。

亞成鳥：需二年以上才能繁殖之鳥種，成鳥之前的一到數年，稱為亞成鳥。

幼鳥：雛鳥第一次換羽，長出飛羽，還不具繁殖能力。

雛鳥：破殼孵化到尚未換羽的狀態。

早熟性：孵化後雛鳥一、二個小時，絨羽乾，即可站立走動。

晚熟性：孵化後雛鳥身上無毛或只有少許絨羽，需親鳥餵食照顧一段時間才能張眼、長羽毛，站立走動。

體長：鳥身體拉直後，嘴尖至尾羽末端的長度。

飾羽：頭、頸、胸、背裝飾的繁殖羽，常成絲狀。一般認為和求偶行為有關。

翼鏡：鴨科次級飛羽部分展開時具有的藍、綠、紫、白等金屬光澤顏色的部位，飛行時可做為辨識依據。

眼先：嘴基到眼的部位。

婚姻色：有些鳥種在繁殖期，嘴、眼先或腳的裸皮會有鮮豔的顏色。

保育等級依珍稀狀態應被保育程度共分三級：

第一級：瀕臨絕種野生動物

第二級：珍貴稀有野生動物

第三級：其他應予保育之野生動物

附錄五

賞鳥指南

一、賞鳥裝備

1. 雙筒望遠鏡：輕巧好攜帶，掛在胸前方便使用。例如8×40的望遠鏡，8是放大倍率，數字愈大，倍率愈高；40是物鏡口徑大小，物鏡口徑愈大，進光量愈多。
2. 單筒望遠鏡：體積大，重量重，適合觀察較遠的水鳥，需搭配腳架、雲臺使用，一般以20至60的倍率最普遍。
3. 鳥類圖鑑：分繪圖式與照片式。鳥友常使用的幾本圖鑑如下：

   繪圖式：臺灣野鳥手繪圖鑑。蕭木吉、李政霖。臺北市野鳥學會出版。

   照片式：臺灣野鳥圖鑑水鳥篇。廖本興。晨星出版社。
   臺灣野鳥圖鑑陸鳥篇。廖本興。晨星出版社。
   臺灣水邊之鳥常見100種。蕭木吉。臺北市野鳥學會出版。
   臺灣山野之鳥常見100種。蕭木吉。臺北市野鳥學會出版。
4. 服裝：以和大自然融合的綠色迷彩服或樸素顏色的穿著最合適，也可降低鳥類的戒心。

5. 偽裝帳：定點長時間觀察時使用，以迷彩綠色為主，減低對野鳥的干擾。

二、拍鳥裝備

1. 單眼相機：單眼機身的強度及功能齊全，具有對焦迅速，多張連拍的特點。
2. 鏡頭：300mm 或 400 mm 小光圈鏡頭、150 至 600 mm 的變焦鏡頭稱為小砲，機動性高；400mm、500mm、600mm 和 800mm 的大光圈長鏡頭稱為大砲。焦距愈長，倍率愈高。
3. 腳架雲臺：拍鳥的長鏡頭加相機比較重，通常需要穩固的腳架和雲臺支撐。

三、賞鳥守則

1. 尊重生命與愛護自然，以友善的態度賞鳥。
2. 賞鳥時不追逐鳥類，避免對鳥類造成壓迫感。
3. 不干擾親鳥繁殖，以免繁殖鳥類棄巢，造成育雛失敗。
4. 不破壞鳥類棲息現場生態環境。
5. 拍攝鳥類時請避免使用閃光燈。
6. 勿使用不當的方法，讓行為隱密的鳥類現身。

四、貼心叮嚀

1. 了解鳥類的生態習性，更容易觀察。
2. 觀察到的鳥類生態在圖鑑或筆記本上加以紀錄，可供來日翻閱。
3. 觀察海邊溼地水鳥時，先了解潮汐變化。
4. 留意天氣的變化，準備適當保暖衣物、防曬用品及飲用水。
5. 注意蚊蟲蛇蜂的叮咬，做好自身保護。

參考資料

- 水鳥雲嘉南。李進裕。2018。交通部觀光局雲嘉南濱海風景區管理處。
- 臺灣新年數鳥嘉年華 2016 年度報告。林大利等。2016。中華民國野鳥學會。行政院農委會特有生物研究保育中心。
- 臺灣水邊之鳥常見 100 種。蕭木吉。2016。社團法人臺北市野鳥學會。
- 臺灣山野之鳥常見 100 種 + 特有種。蕭木吉。2016。社團法人臺北市野鳥學會。
- 黑琵行腳。許晉榮、王徵吉。2015。臺江國家公園管理處。
- 臺灣鳥類名錄 The Checklist of Birds of Taiwan。2017。中華民國野鳥學會。
- 臺灣野鳥手繪圖鑑。蕭木吉、李政霖。2014。行政院農業委員會林務局。社團法人臺北市野鳥學會。
- 翎羽翔集臺江野鳥圖鑑。郭東輝、潘致遠等。2011。臺江國家公園管理處。
- 臺灣鳥類誌（上、中、下）。劉小如等。2010。行政院農業委員會林務局。
- 臺灣野鳥圖鑑水鳥篇。廖本興。2012。晨星出版社。

- 臺灣野鳥圖鑑陸鳥篇。廖本興。2012。晨星出版社。
- 黑面琵鷺全紀錄。王徵吉、吳佩香。2010。經典雜誌。
- 雁鴨—臺灣雁鴨彩繪圖鑑。蔡錦文。2005。商周出版。
- 葉行者。翁榮炫。2001。中華民國溼地保護聯盟。
- 黑面琵鷺來作客。謝安通、陳加盛、鐘易真。1999。臺南縣立文化中心。
- 臺灣野鳥圖鑑。王嘉雄等。1991。亞舍圖書。
- 臺灣黑面琵鷺保育三十年。吳世鴻。2014 年 5 月。臺灣黑面琵鷺保育學會會刊 48 期。
- 101 年水雉生態教育園區工作計畫成果報告。2013。水雉生態教育園區。
- 臺南縣歷年水雉保育計畫成果分析期末報告。翁義聰。行政院農業委員會林務局。2008 年 12 月。
- 水雉的生殖生物學研究。翁榮炫、王建平。2000。臺灣濕地雜誌。

繪本：

- 滄海桑田話濕地。臺南市學甲區學甲國小。2018。
- 小水雉的迷途旅行。臺南市大內區二溪國小。2018。
- 十份里的十分禮。臺南市七股區建功國小。2017。
- 戀戀三寮灣。臺南市北門區三慈國小。2017。

- 將軍溪的訪客。臺南市將軍區將軍國小。2016。
- 竹鷹。臺南市龍崎區龍崎國小。2016。
- 小水雉的超級奶爸。臺南市官田區官田國小。2015。
- 桃花心木林與大冠鷲。臺南市新化區口碑國小。2013。
- 鹽水溪的故事。臺南市北區賢北國小。2013。

參考網站：

- 臺灣國家公園 http：//np.cpami.gov.tw/
- 臺江國家公園 https：//www.tjnp.gov.tw/
- 臺灣黑面琵鷺保護學會 http：//www.bfsa.org.tw/
- 香港觀鳥會 http：//www.hkbws.org.hk/web/chi/index.htm
- 黑面琵鷺生態展示館 https：//tesri.tesri.gov.tw/blackfaced/about.html
- 水雉生態教育園區 https：//jacanatw.org/

作者簡介

李進裕

1965年生，臺南學甲人。喜愛野鳥生態攝影，野鳥生態作品散見各大報。

鳥類相關著作：

- 「水鳥雲嘉南——人文旅遊叢書」，交通部雲嘉南濱海國家風景區管理處，2018年6月
- 「幸福的起點——雲嘉南海岸線」，共同撰文，交通部雲嘉南濱海國家風景區管理處，2016年5月
- 「孤獨星球」國際中文版雜誌第五十期「用相機紀錄——雲嘉南濱海四季賞鳥趣」共16頁，2015年12月
- 將軍濱海水鳥圖鑑電子書，2013年

鳥類攝影個展：

- 「將軍鳥生態攝影展」——臺南市永華市政中心二樓大廳，臺南市民治市政中心一樓大廳，方圓美術館，2013年。

大臺南文化叢書第 8 輯 06

揮動府城的風：臺南鳥文化

作　　者／李進裕
社　　長／林宜澐
總　　監／葉澤山
召 集 人／黃文博
審　　稿／潘致遠
行政編輯／何宜芳、許琴梅
總 編 輯／廖志墭
執行編輯／宋繼昕
編輯協力／宋元馨、潘翰德
封面設計／黃梵真
內文排版／藍天圖物宣字社

出　　版／臺南市政府文化局
地址：永華市政中心：70801 臺南市安平區永華路 2 段 6 號 13 樓
民治市政中心：73049 臺南市新營區中正路 23 號
電話：（06）6324453　網址：http：// culture.tainan.gov.tw

蔚藍文化出版股份有限公司
地址：10667 臺北市大安區復興南路二段 237 號 13 樓
電話：02-22431897
臉書：https://www.facebook.com/AZUREPUBLISH/
讀者服務信箱：azurebks@gmail.com

總 經 銷／大和書報圖書股份有限公司
地址：24890 新北市新莊市五工五路 2 號　電話：02-8990-2588

法律顧問／眾律國際法律事務所　著作權律師／范國華律師
電話：02-2759-5585　網站：www.zoomlaw.net

印　　刷／世和印製企業有限公司
定　　價／新臺幣 480 元
初版一刷／ 2020 年 12 月
ISBN：978-986-5504-14-4　GPN：1010900918
分類號：C072
局總號：2020-571

國家圖書館出版品預行編目（CIP）資料

揮動府城的風：臺南鳥文化 / 李進裕著 . -- 初版 . -- 臺北市：蔚藍文化；臺南市：南市文化局 , 2020.12
面；　公分 . --（大臺南文化叢書 . 第 8 輯；6）
ISBN 978-986-5504-14-4（平裝）
1. 鳥類　2. 臺南市

388.833　　109009283